Teoría de la Relatividad Especial

Una explicación construida desde las dificultades para entenderla

Joaquín Cosmen Schortmann

Primera edición: Abril de 2026

ISBN: 978-84-09-84850-8

A Nico, cuya curiosidad en mis clases me animó a profundizar sobre la Teoría de la Relatividad Especial y escribir este libro.

Nota para el lector:

Este libro está pensado para estudiantes, profesores y lectores autodidactas que se acercan por primera vez a la relatividad especial, o que ya la estudiaron alguna vez sin llegar a comprenderla del todo. Su objetivo no es aportar resultados nuevos, sino ofrecer una explicación construida desde la experiencia de las dificultades que surgen al estudiarla y enfocada en los conceptos que suelen causar más dudas: suceso, simultaneidad, tiempo propio, longitud propia y transformaciones de Lorentz.

Contenido

1 Por qué este libro

Siempre había pensado que si el entendimiento profundo de la mecánica newtoniana que se basa en tres leyes simples e intuitivas es arduo y después de muchos años de estudio surgen aún paradojas para los que cuesta tener una respuesta clara, como se comenta en el siguiente capítulo, entender realmente la mecánica relativista resultaría inabordable.

No obstante, impartiendo clases de 2º de Bachillerato, donde uno de los temas que se incluye es la Teoría de la Relatividad Especial, comprendí que para poderla explicar debería entenderla con un cierto nivel de profundidad y así me propuse abordarla.

Aunque hay muchísima información sobre dicha teoría de mucha calidad (algunos ejemplos están en la bibliografía aportada), la realidad es que me costó mucho entender algunos conceptos básicos que en muchas de las explicaciones se dan por entendidos. Así que, después de varios meses de estudio y de múltiples dificultades en su interpretación, decidí escribir este pequeño libro que, lógicamente, no aporta ninguna novedad a lo que ya existe salvo, y así confío que sea, plantearlo intentando enfatizar y aclarar todos los elementos en los que yo he tropezado (muchas veces) y explicando otros análisis auxiliares y nuevos ejemplos que he creado y que me han ayudado a su entendimiento.

Creo importante enfatizar que, dada la cierta complejidad conceptual de la Teoría de la Relatividad Especial y la necesidad de una reflexión pausada para su asimilación, considero que los videos que explican, en muchos casos de forma magnífica, la teoría, en particular clases magistrales como la [Ref. 1], son de difícil asimilación puesto que su entendimiento requiere un reposo que los videos no permiten. Por eso considero que aunque dichos videos pueden ser de gran ayuda, el entendimiento profundo de la teoría es más conveniente trabajarlo apoyado en un documento escrito siguiendo un procedimiento similar al del estudio universitario que combina las clases presenciales con el estudio pausado generalmente apoyado en apuntes o libros.

Profundizar en los ejemplos aportados que el lector puede plantear como simulacro de un examen e intentar resolverlos antes de mirar la solución que se describe es también una fuente muy valiosa de conocimiento y una comprobación del nivel de entendimiento que se ha alcanzado en la materia.

Sólo como un ejemplo de la mencionada complejidad y la necesidad de un estudio pausado, el diagrama x,t que es una herramienta de gran ayuda para entender muchos de los problemas asociados a la Teoría de la Relatividad Especial, se ataca en varios documentos desde el punto de partida del comportamiento de la luz (es decir de velocidad constante en cualquier sistema de referencia inercial) que no es siempre intuitivo. Familiarizarse con ese diagrama en el contexto de masas que se mueven o del sonido (semejante al de la luz si la teoría del éter fuese correcta) me ha ayudado mucho a consolidar y manejar con más soltura ese diagrama cuando analizamos la Teoría de la Relatividad Especial y, especialmente, dejando claro cuáles son los elementos del uso de ese diagrama que son específicos de dicha teoría. Aunque dicha aportación es muy modesta creo que puede proporcionar un valor añadido al estudio de la teoría.

El libro está enfocado al entendimiento conceptual y físico de la teoría y se apoya en unas matemáticas muy sencillas con muchos ejemplos concretos que ayudan sustancialmente al aprendizaje. Así, se ha evitado en todo momento el uso de conceptos matemáticos que van más allá de un álgebra y geometría básicas. Esta metodología nos impide en particular atacar las importantes relaciones entre la Teoría de la Relatividad Especial y las leyes de Maxwell del electromagnetismo.

En ese contexto es importante remarcar que todo el aparato matemático de la Teoría de la Relatividad Especial se resume fundamentalmente en las transformaciones de Lorentz que son, desde el punto de vista matemático, muy sencillas y que de hecho ya existían antes de dicha teoría. Pero es más complejo el entendimiento profundo de qué significan los distintos términos y las implicaciones que estas tienen. De hecho, Lorentz identificó esas transformaciones, pero su interpretación profunda la formuló después Einstein con la Teoría de la Relatividad Especial.

Confío en que este libro aporte un método de estudio de la Teoría de la Relatividad Especial para aquellos que se acercan a ella por primera vez, o, como fue mi caso, que se habían acercado previamente a ella sin entenderla.

2 La "relatividad" en Newton/Galileo

La relatividad de algunas magnitudes físicas, en particular posición y velocidad respecto al sistema de referencia en el que se miden, era ya bien conocida para Galileo y, después, para Newton.

En particular, dado un sistema de referencia S fijo y otro S´ que se desplaza con velocidad constante v respecto al primero en la dirección y sentido del eje x se identificaban las siguientes transformaciones cinemáticas (en la dirección del eje x; las magnitudes en la dirección de *y* y *z* se mantienen constantes):

$$x' = x - vt \qquad [1]$$

$$v_x{}' = v_x - v \qquad [2]$$

$$a_x{}' = a_x \qquad [3]$$

Siendo las magnitudes "primas" [´] las medidas en el sistema S´ y las otras las medidas en el sistema S.

Aunque ni siquiera se plantea de forma explícita, está implícito que:

$$t' = t \qquad [4]$$

Es decir, el tiempo es una magnitud absoluta e invariante para cualquier sistema de referencia.

Entender la relatividad en Galileo/Newton es relevante para entender las diferencias sustanciales que introduce la Teoría de la Relatividad Especial formulada por Einstein y cómo ellas convergen con las de Galileo cuando las velocidades involucradas son muy pequeñas comparadas con la de la luz.

Por otra parte, la relatividad Newtoniana de otras magnitudes como el trabajo o la energía cinética en distintos sistemas de referencia es a veces fuente de malentendidos. Esto nos tiene que poner sobre aviso acerca de que si, en teorías aparentemente simples, cuando se profundiza en ellas puede dar lugar a dudas no fáciles de resolver, tenemos que estar preparados para afrontar la Teoría de la Relatividad Especial con más humildad.

Puesto que esas dificultades de la Mecánica Newtoniana pueden ayudarnos a estar mejor preparados para el estudio de la Teoría de la Relatividad Especial pero su aclaración está al margen de dicha teoría, su análisis se ha excluido del libro. No obstante, para el lector que tenga interés en profundizar en este punto se recomienda la lectura de la [Ref. 6].

3 Familiarización con los conceptos de suceso y simultaneidad

Es clave cuando analizamos la teoría y los ejemplos que utilizamos para su demostración y análisis que se defina de forma clara el concepto de suceso y se aplique de forma rigurosa. De esa definición clara depende el éxito de la demostración y aplicación de la teoría. Esta es una de las lecciones importantes, quizá la más, que ayudan al estudio de la Teoría de la Relatividad Especial.

Un suceso es un hecho que ocurre en una posición y un tiempo (que en general tienen coordenadas espacio-temporales distintas en distintos sistemas de referencia). Algunos ejemplos de sucesos que usaremos:

- El reloj marca una hora concreta en una posición.
- Una bombilla se enciende a una determinada hora en un determinado lugar.
- La luz llega a un determinado lugar en un cierto instante.
- Dos observadores en movimiento relativo uno respecto al otro coinciden en una misma posición en un cierto instante.

Cuando se describe un suceso en un sistema de referencia cualquiera, ayuda a su interpretación pensar que en ese lugar y en ese momento hay un observador con un reloj que registra el suceso en el tiempo y en el lugar que ocurre y que su reloj está sincronizado con el de cualquier otro observador en ese sistema de referencia. Es decir cualquier observador en el mismo sistema de referencia tiene la misma referencia de tiempos. Aunque para esta afirmación no es necesario definir el proceso de cómo distintos observadores sincronizan sus relojes, este proceso se explica al final de este capítulo puesto que ayuda al entendimiento de algunos de los ejemplos que se proponen en el libro.

Los sucesos no están particularmente unidos a un sistema de referencia concreto pero es relevante conocer en qué sistema de referencia dos sucesos ocurren en la misma posición o en el mismo tiempo.

Es importante anticipar que las transformaciones de Lorentz transforman las coordenadas espacio-temporales de un suceso de un sistema de referencia a otro y por tanto para aplicarlas correctamente se tienen que definir correctamente dichos sucesos a los que las vamos a aplicar. Insistiremos en esta idea varias veces a lo largo del libro.

Aunque las consecuencias más conocidas de la Teoría de la Relatividad Especial son la modificación de las longitudes y de los tiempos medidos desde distintos sistemas de referencia inerciales que se mueven uno respecto al otro, un tercer impacto tan importante como los anteriores, menos conocido y, quizás, más difícil de asimilar, es la relatividad de la simultaneidad: dos sucesos separados en la dirección del movimiento relativo que son simultáneos en un sistema de referencia no lo son en otro que se mueve respecto al anterior.

Es muy importante enfatizar que si **dos descripciones corresponden a un mismo suceso –es decir, al mismo lugar y al mismo instante–, corresponden a ese mismo suceso en cualquier sistema de referencia inercial.**

Una forma práctica de definir la simultaneidad en un cierto sistema de referencia en la que nos apoyaremos más adelante para demostrar la Teoría de la Relatividad Especial es la siguiente: Supongamos dos sucesos que se producen en dos posiciones separadas para las que hemos previamente identificado su punto medio. Podemos afirmar que dos sucesos son simultáneos en un sistema de referencia si, al emitirse dos rayos de luz en el instante y desde los puntos en que ocurren dichos sucesos, ambos llegan simultáneamente al punto medio entre ellos. Recordamos, porque será útil más adelante, que esa llegada simultánea al punto medio, si corresponde a un único suceso en un sistema inercial, corresponde al mismo suceso en cualquier otro[1]. Este método propuesto por Einstein es válido para asegurar que todos los observadores en un cierto sistema de referencia tienen sus relojes sincronizados.

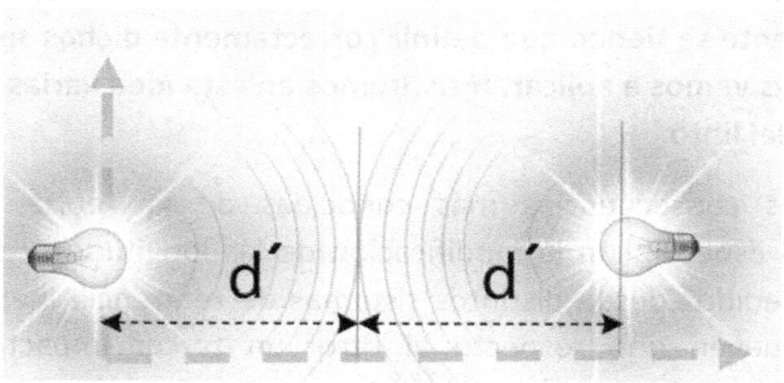

Figura 3.1. Concepto de simultaneidad en un sistema de referencia:
Si las luces se encienden simultáneamente en ese sistema los rayos llegan simultáneamente al punto intermedio

[1] Esta afirmación es clave para el entendimiento de algunos de los ejemplos que se mostrarán y hay que asegurar su entendimiento.

4 Cómo medir tiempos y longitudes en distintos sistemas de referencia

Mientras que la medida del espacio y del tiempo en un sistema en el que el observador se desplaza con él no presenta mayores dificultades -la longitud se podría medir con una cinta métrica y los tiempos con relojes precisos asegurando que todos los observadores los han sincronizado usando el mecanismo descrito anteriormente u otro- esa medida desde un sistema de referencia que se desplaza respecto a aquel donde se ha medido requiere una estrategia que debe ser definida. Precisar esa estrategia es clave para entender algunos de los ejemplos y análisis que aparecerán a lo largo del libro.

Antes de entrar en otras consideraciones fijaremos la nomenclatura y convenciones que usaremos a lo largo del libro. Definiremos un sistema fijo en tierra, S, con observadores fijos y un sistema móvil, S´, que podríamos asociar a un vagón que se mueve con una velocidad v en el que se encuentran observadores móviles como se muestra en la siguiente figura. En la parte inferior de ésta se muestra el esquema con las convenciones que utilizaremos.

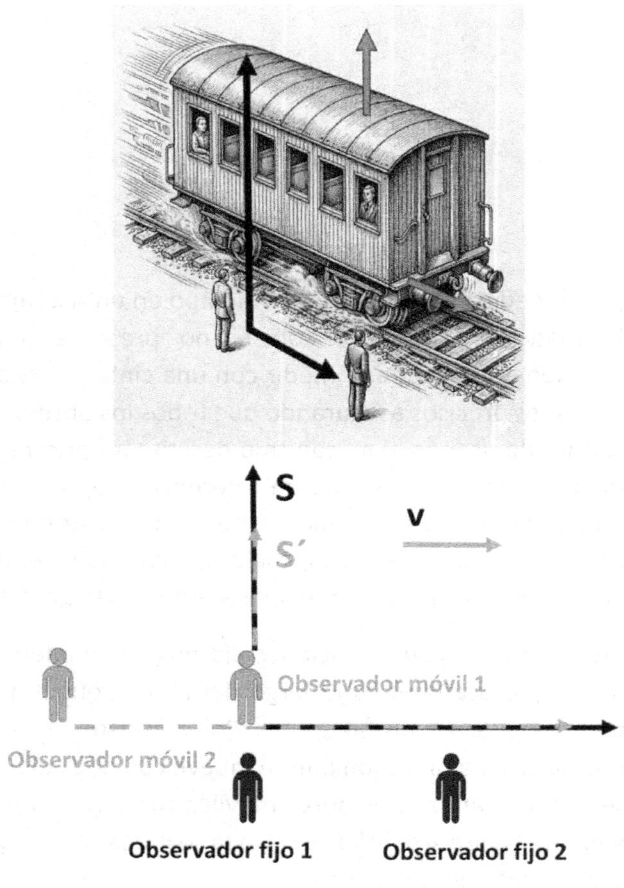

Figura 4.1. Sistemas de referencia y observadores fijos y móviles

Es importante hacer una advertencia sobre la figura 4.1 y otras similares que aparecerán a lo largo del libro: como demostraremos más adelante, las distancias entre un par de puntos pueden tener valores distintos según el sistema de referencia desde el que se midan. Por tanto, cuando una figura muestra simultáneamente observadores fijos y móviles separados entre sí, la representación gráfica tiene que elegir implícitamente un sistema de referencia para trazar las distancias a escala, y no existe una forma neutral de dibujarlas sin hacer esa elección. En estas figuras donde no se hace explícito uno de los dos sistemas desde donde observamos los sucesos, lo que debe interpretarse de forma rigurosa es la disposición relativa de los observadores (quién está a la izquierda de quién, qué observadores coinciden en la misma posición en un instante dado) y no las distancias absolutas entre ellos a escala ya que éstas dependerán del observador. Cuando el análisis requiera atender a una distancia concreta, se indicará explícitamente en qué sistema de referencia se está midiendo.

Las coordenadas de posición y tiempo se denominarán x,t en el sistema S y x´,t´ en el sistema S´. Se usa también Δt y $\Delta t´$ para referirnos a los incrementos de tiempo medidos en S y S´ respectivamente. Nótese que, cuando el origen temporal se fija en t=0, se cumple que $t=\Delta t$; aun así, preferimos usar Δt para enfatizar que se trata de un incremento de tiempo.

Una vez definidos los sistemas de referencia y los observadores, la forma más conveniente de definir los sucesos consiste en asociarlos a tiempos en que un observador fijo y otro móvil coinciden en la misma posición.

Así, para medir el incremento de tiempo entre dos instantes en un sistema fijo y otro móvil que se desplaza respecto al primero podemos, por ejemplo, tener dos observadores en dos posiciones distintas en uno de los sistemas y hacer que éstos coincidan en tiempos distintos con un observador en el otro sistema de referencia como se muestra en las siguientes figuras:

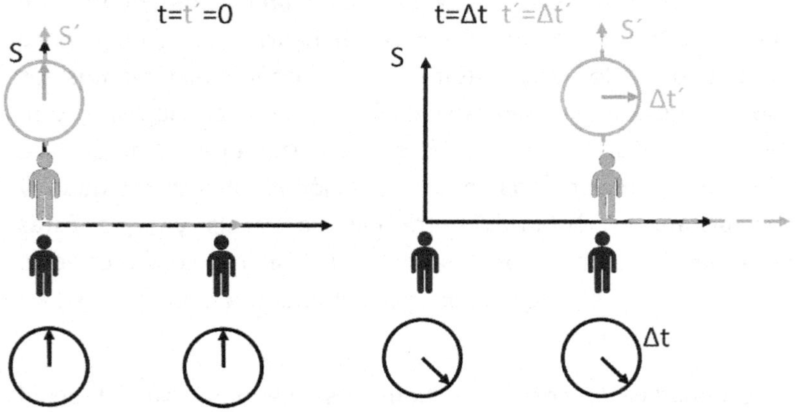

Figura 4.2. Medida del tiempo con dos observadores fijos

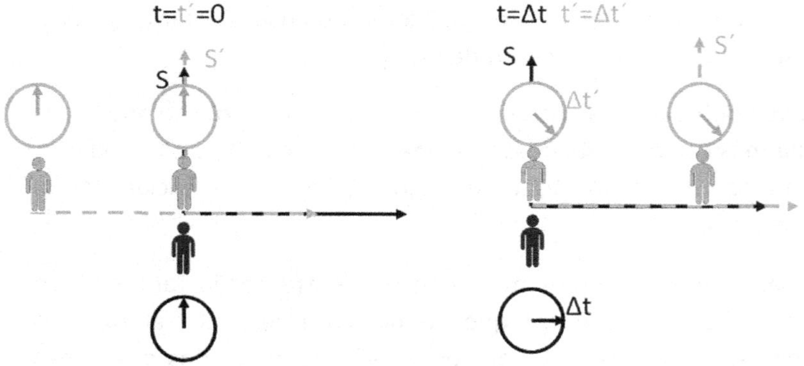

Figura 4.3. Medida del tiempo con dos observadores móviles

Para la medida de las longitudes podemos usar dos estrategias distintas. La primera usando el mismo procedimiento que para medir tiempos: un único observador fijo en S cronometra el intervalo Δt que transcurre entre los dos sucesos en que los extremos del vagón (en los que se sitúa un observador móvil en cada extremo) pasan por delante de él, y la longitud medida en S (longitud del vagón o distancia entre los observadores móviles) es entonces $d = v\,\Delta t$, donde v es la velocidad relativa entre los sistemas. El procedimiento es como el que se muestra en la siguiente figura.

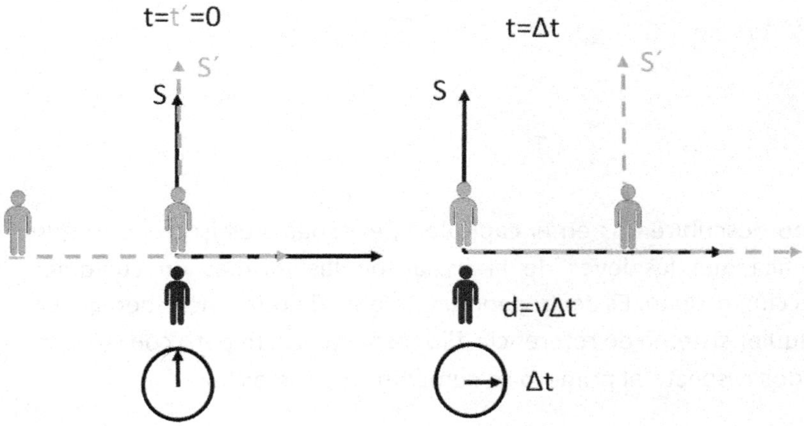

Figura 4.4. Medida de las longitudes a través del incremento de tiempos

El segundo método es tener dos observadores a una cierta distancia de tal forma que cada uno de ellos registre la posición de cada extremo de una barra en un mismo instante (medido en su sistema de referencia). La distancia a la que están los observadores será la longitud medida.

5 El diagrama x,t

5.1 Concepto

Como describiremos en el capítulo 6, el espacio es isótropo lo que significa que las leyes de la física son las mismas en cualquier dirección de éste. Es decir, dado un sistema de referencia inercial, en cualquier sistema de referencia fijo respecto a este pero con sus ejes girados respecto al primero se cumplen las mismas leyes.

Esto implica que, para simplificar los análisis, siempre podemos elegir el eje x en la dirección de la velocidad a la que se desplace un sistema de referencia respecto a otro y de hecho así se hace a lo largo del libro.

Veremos también en el capítulo 9 que las longitudes en direcciones perpendiculares al movimiento no están afectadas por el movimiento relativo de los sistemas de referencia por lo que la descripción de la Teoría de la Relatividad Especial se puede demostrar y analizar en un solo eje.

Puesto que la complejidad conceptual de dicha teoría está asociada al entendimiento del concepto espacio-tiempo (en principio 4 dimensiones, 3 espaciales y una temporal, de difícil representación gráfica) y considerando que solo la dirección en la que se mueve un sistema de referencia respecto a otro es relevante para su estudio, el análisis de un diagrama x, t se convierte en una herramienta clave para el entendimiento de la teoría.

El diagrama x,t muestra en el eje horizontal las posiciones asociadas a distintos sucesos o elementos mientras que el eje vertical muestra el tiempo en que éstos ocurren. Así por ejemplo un punto estacionario con una cierta coordenada x irá evolucionando en una línea vertical (cambiando el tiempo pero no su posición). Un punto que se desplaza con velocidad v respecto a un cierto sistema de referencia se verá en el diagrama x,t como una recta inclinada con la pendiente igual a 1/v (x=vt o t=1/v x).

Aunque el diagrama puede parecer trivial no siempre lo es y tener dominio sobre él es clave para algunos de los análisis que se presentan en este libro y para muchos otros que puedan surgir.

Considero que familiarizarse con él en otros contextos diferentes a la Teoría de la Relatividad Especial es altamente conveniente por un doble motivo:

- Asegurar que estamos preparados para su uso en dicha teoría.
- Entender con profundidad qué elementos de los que se muestran en el diagrama son específicos de la Teoría de la Relatividad Especial y qué otros no.

Puesto que la velocidad de la luz es muy alta en unidades del S.I., si usamos esas unidades en el diagrama x,t, la recta que representa la velocidad de la luz tiene una pendiente 1/c (muy baja si usamos esas unidades) que hace casi imposible distinguirla del eje x. Con el fin de evitar esta dificultad a menudo se usan unidades de longitud y tiempo tal que la velocidad de la luz es 1 (por ejemplo años y años-luz). Nótese que el uso de unas u otras unidades no afecta al razonamiento pero hace que los diagramas sean más legibles. Se puede argumentar que en este caso las velocidades que representan fenómenos cotidianos tendrían pendientes muy altas y no serían distinguibles del eje de t pero es importante entender que las velocidades que nos interesan son aquellas próximas a la velocidad de la luz.

5.2 Familiarización en otros contextos

Aunque, lógicamente, no es necesario para la demostración y análisis de la Teoría de la Relatividad Especial, la familiarización con el uso del diagrama x,t en otros contextos, puede ser de mucho interés para su entendimiento y, en particular, para identificar los elementos que son clave en esa teoría.

Sólo a título de ejemplo el hecho de que dos sonidos que se emiten simultáneamente a una distancia lleguen al punto medio entre ellos de forma simultánea o no (dependiendo de la velocidad del sistema de referencia respecto al aire) nada tiene que ver, lógicamente, con la Teoría de la Relatividad Especial.

Puesto que esta familiarización la considero importante pero, al mismo tiempo, se desvía de la lógica del libro, se describe en el apéndice I (capítulo 16). No obstante, se recomienda encarecidamente a lectores que no estén familiarizados con el diagrama que lean ese apéndice antes de seguir con el libro.

6 Marco de aplicación y enunciados básicos de la relatividad

La Teoría de la Relatividad Especial describe cómo se relacionan las medidas de espacio y tiempo entre sistemas de referencia inerciales, es decir, que se mueven entre sí con velocidad constante y en ausencia de efectos gravitatorios significativos. Para sistemas acelerados o en presencia de gravedad se requiere la Relatividad General (Einstein, 1915), que queda fuera del alcance de este libro.

Los dos postulados básicos en los que se fundamenta la Teoría de la Relatividad Especial se definen de una forma simple:

1. **Las leyes de la física son las mismas en todos los sistemas de referencia inerciales.**

2. **La velocidad de la luz (en general de cualquier onda electromagnética) en el vacío es una constante universal c en cualquier sistema de referencia inercial.**

El primero era ya conocido para Galileo aunque con una interpretación sutilmente distinta ya que se aplicaba sólo a las leyes de la mecánica. La creencia de que la luz se propagaba en el éter y por tanto su velocidad en un sistema de referencia que se desplazaba respecto a éste dependía de la velocidad de dicho sistema de referencia implicaba que había un sistema de referencia privilegiado en el que el éter estaba en reposo.

El primer postulado implica en particular que no existe ningún sistema de referencia privilegiado y que por tanto cualquier experimento que se haga dará los mismos resultados que en cualquier otro sistema de referencia inercial.

Además de los dos postulados anteriores, en algunas de las deducciones que siguen utilizaremos dos hipótesis estructurales adicionales: la homogeneidad del espacio y del tiempo, y la isotropía del espacio que formalizamos en el siguiente enunciado:

3. El espacio y el tiempo son homogéneos y el espacio isótropo

Para su entendimiento es necesario definir lo que significa la homogeneidad y la isotropía.

La homogeneidad del espacio y del tiempo significa que las leyes de la física son las mismas en cualquier lugar y en cualquier instante. Es decir las leyes que aplican aquí y ahora son las mismas que las que existen en cualquier otro punto del universo en cualquier momento pasado y futuro.

La isotropía del espacio implica que no existen direcciones privilegiadas. Por tanto las leyes de la física se cumplen de la misma forma en cualquier sistema de referencia que esté girado[2] respecto a otro. Esto en particular nos permite, como ya anticipamos, en las demostraciones que haremos a continuación, analizar ejemplos unidimensionales donde se elige la coordenada x como la que define el movimiento relativo de los sistemas de referencia.

[2] Pero no rotando lo que implicaría que el sistema no es inercial.

7 Demostración de las transformaciones de Lorentz

7.1 Introducción

Aunque, lógicamente, una demostración formal basada en los enunciados descritos en el capítulo 6 cumpla los objetivos de este capítulo, se considera más didáctico empezar por unas demostraciones parciales pero simples de dichas transformaciones y dejar la demostración formal para el final. Así se propone dar los siguientes pasos:

1. Demostración simple de la relatividad del tiempo.
2. Demostración simple de la relatividad de las longitudes.
3. Demostración global de la relatividad del espacio, del tiempo y de la simultaneidad apoyada en un ejemplo.
4. Demostración global de las transformaciones de Lorentz basada en los enunciados identificados en el capítulo 6.

7.2 Una primera demostración simple de la relatividad del tiempo

El siguiente experimento mental permite, basado en los dos primeros enunciados descritos anteriormente, establecer un primer contacto con la Teoría de la Relatividad Especial y demostrar la relatividad del tiempo en dos sistemas de referencia que se desplazan entre ellos a una velocidad v.

Para ello, asumamos el sistema de referencia S fijo en tierra y un sistema de referencia S´ fijo a un vagón de tren que se desplaza a una velocidad v (respecto a S). Por simplicidad y sin perder generalidad asumimos que los sistemas S y S´ coinciden en el tiempo t=0 por lo que al cabo de un tiempo t su situación será como se describe en la siguiente figura observada desde el sistema S.

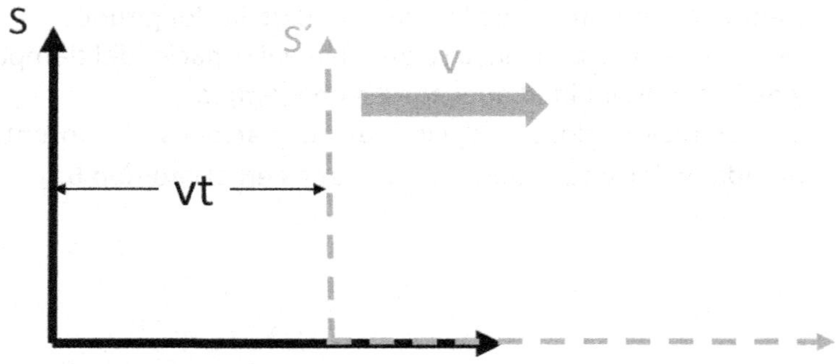

Figura 7.1. Sistemas de referencia S y S´. El segundo se desplaza a una velocidad v respecto al primero y coinciden en t=0

En el vagón emitimos un rayo de luz desde la base (suceso 1) que se refleja en el techo y vuelve a la base donde un detector detecta el rayo (suceso 2) y mide el tiempo transcurrido desde que se emitió la luz. Para el observador subido en el vagón que ve el rayo de luz moverse en vertical, el tiempo medido entre la salida y la llegada de la luz es $t'=\Delta t'=2h/c$ siendo h la altura del vagón. Es importante observar, como luego insistiremos, que los sucesos 1 y 2 se localizan en el sistema de referencia S´ en la misma posición (es decir tienen la misma coordenada x´ pero distinto tiempo t´).

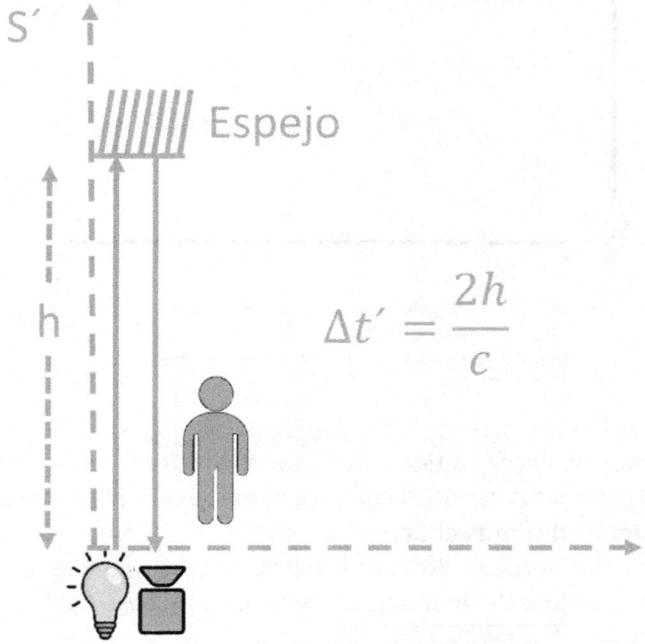

Figura 7.2. Tiempo medido por el observador subido al vagón

En el diagrama x´,t´ en el sistema de referencia S´ los sucesos 1 y 2 se situarán como muestra la siguiente figura:

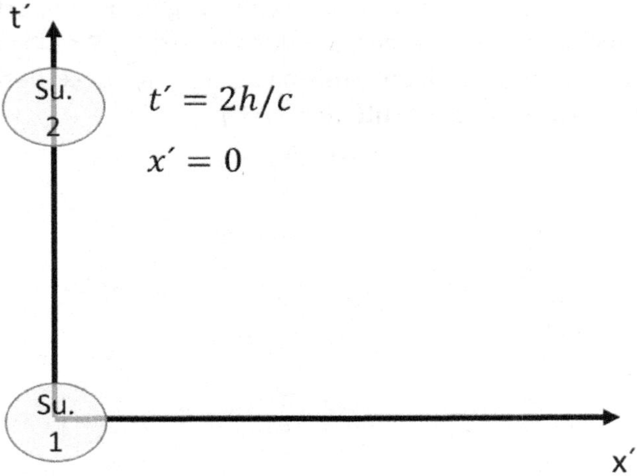

Figura 7.3. Sucesos 1 y 2 en el diagrama x´,t´ ligado a S´

Para los observadores en tierra[3] (uno en el punto en que se emite la luz y otro en el punto donde llega otra vez al suelo) que observan en dos posiciones distintas el tiempo de partida y el tiempo de llegada de la luz, ésta ha recorrido una distancia a correspondiente a dos veces la hipotenusa de un triángulo rectángulo de base vΔt/2 y altura h o sea $a = 2\sqrt{(v\Delta t/2)^2 + h^2}$ como se ve en la figura siguiente. Nótese que estamos haciendo la hipótesis que la altura (perpendicular al movimiento) no se modifica. Esta hipótesis se justifica en el capítulo 9.

Según el enunciado segundo visto anteriormente en el capítulo 6 $a = c\,\Delta t$ y por tanto, despejando Δt del valor de a mencionado anteriormente llegamos a:

[3] Nótese que estos dos observadores tienen sus relojes sincronizados (apoyado, por ejemplo, en el criterio de sincronización visto anteriormente).

$$\Delta t = \frac{2h/c}{\sqrt{1-(\frac{v}{c})^2}} \qquad [5]$$

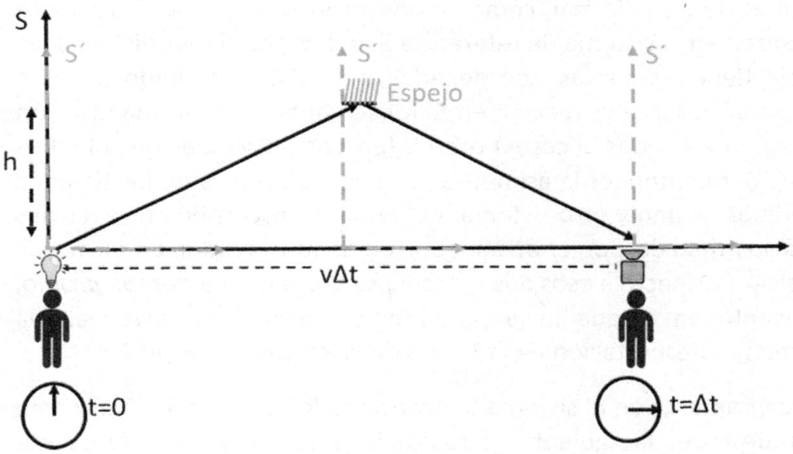

Figura 7.4. Tiempo medido por los observadores fijos en tierra[4]

Sustituyendo el valor de Δt´ calculado anteriormente (Δt´=2h/c) en [5] se llega a:

$$\boldsymbol{\Delta t = \frac{\Delta t'}{\sqrt{1-(\frac{v}{c})^2}}} \qquad [6]$$

Es decir, **el tiempo transcurrido en el sistema S medido por los dos observadores fijos es mayor que el transcurrido en S´**.

Ésta es una de las conclusiones relevantes de la Teoría de la Relatividad Especial: el tiempo medido en un sistema de referencia

---

[4] Nótese que la bombilla el espejo y el detector están fijos al sistema S´.

móvil respecto a dos sucesos que se producen en el mismo lugar en este sistema es menor que el medido en un sistema fijo en el que estos dos sucesos se producen en posiciones distintas. La relación entre ellos es el término $\sqrt{\mathbf{1} - (\boldsymbol{v}/\boldsymbol{c})^2}$ que es siempre menor que 1 puesto que ninguna velocidad puede superar la de la luz.

Es importante enfatizar, como hemos dicho, que los sucesos 1 y 2 se localizan en el sistema de referencia S en dos posiciones distintas (es decir tienen distintas coordenadas x y distintos tiempos). Esta diferencia entre la situación en S´ (observador en la misma posición respecto a los dos sucesos) o en S (en dos posiciones distintas) es clave para entender la asimetría entre las relaciones de los tiempos medidos en uno y otro sistema. Al tiempo transcurrido entre los dos sucesos medido por el observador en S´ (observador en la misma posición respecto a esos dos sucesos) se le denomina ***tiempo propio***, concepto en el que luego insistiremos porque es clave para la correcta interpretación de la Teoría de la Relatividad Especial.

El diagrama x,t en el sistema S mostrando los sucesos 1 y 2 es como se muestra en la siguiente figura donde la recta x=vt (o t=1/v x, recta de pendiente 1/v) muestra la posición del vagón desde donde se emite el rayo en el sistema de referencia S.

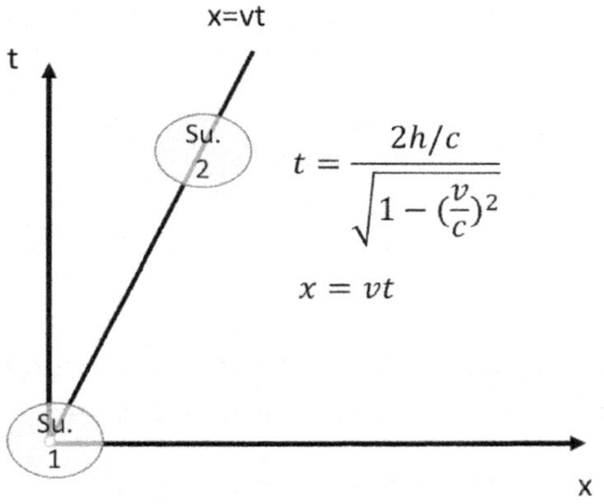

$$t = \frac{2h/c}{\sqrt{1 - (\frac{v}{c})^2}}$$

$$x = vt$$

Figura 7.5. Sucesos 1 y 2 en el diagrama x,t ligado a S

¿Cómo serían los tiempos en S y S´ si en el final del vagón ponemos otro espejo que refleja la luz en horizontal y ponemos el sensor fijo en tierra en x=0? Se propone como ejercicio de reflexión al lector y, en cualquier caso, se describe la solución en el capítulo 12.5.

7.3 Una primera demostración simple de la relatividad de las longitudes

Una vez conocida la relatividad del tiempo en distintos sistemas de referencia que tienen un desplazamiento relativo, otro experimento mental nos ayudará a demostrar la relatividad de las longitudes.

Imaginemos ahora un vagón que se desplaza a una velocidad v y tres observadores: Uno en la cabecera del vagón (observador móvil 1) y otro en la cola (observador móvil 2) y un tercero situado en tierra en x=0 (observador fijo). Los sistemas de referencia S´ (fijo al vagón y con el origen en la cabecera del vagón) y S (fijo en tierra) coinciden en t=t´=0. La longitud del vagón medida por un observador que se mueve con el vagón (**longitud propia**, concepto en el que luego insistiremos) es d´. ¿Cuál es la longitud que mide el observador fijo en S? El esquema se muestra en la siguiente figura.

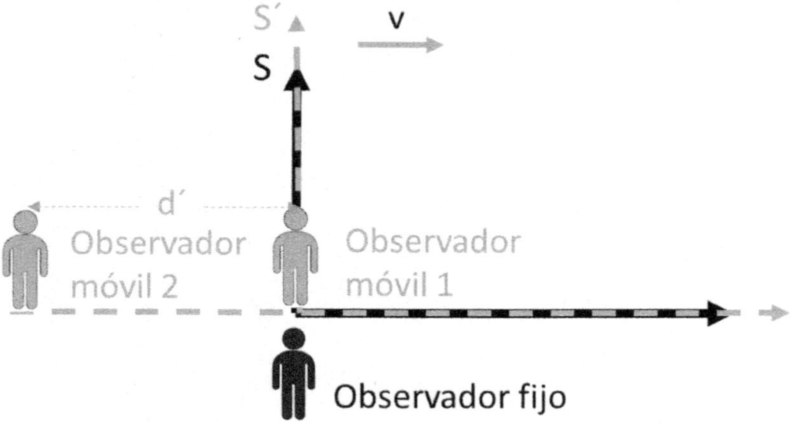

Figura 7.6. Sistemas de referencia S´ y S y distintos observadores. La distancia d´ está medida en S´

Los sucesos que consideraremos para el análisis son los dos siguientes:

- Suceso 1: Observador móvil 1 pasa en frente del observador fijo.
- Suceso 2: Observador móvil 2 pasa en frente del observador fijo.

Como se ha descrito el suceso 1 ocurre en x=x´=0 y t=t´=0 porque así hemos elegido los orígenes de x y t.

El suceso 2 (ver figura siguiente) tendrá lugar en las siguientes coordenadas espacio-temporales:

- Para el sistema S: x=0 y t=Δt que es el tiempo que mide el observador fijo.

- Para el sistema S´: x´=-d´ y t´=Δt´ que es el tiempo que mide el observador móvil 2.

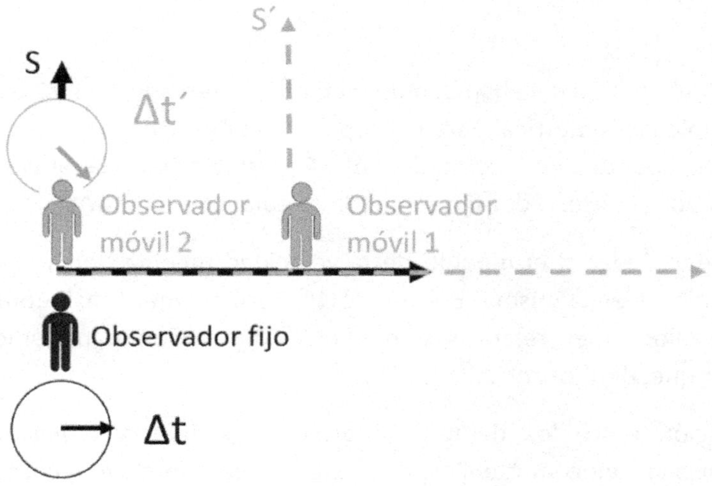

Figura 7.7. Suceso 2

Los diagramas x,t en S y S´ identificando ambos sucesos se representan en la siguiente figura donde las líneas diagonales muestran:

- En S la posición del observador móvil 2 (nótese que el valor de d aún no se conoce).
- En S´ la posición del observador fijo.

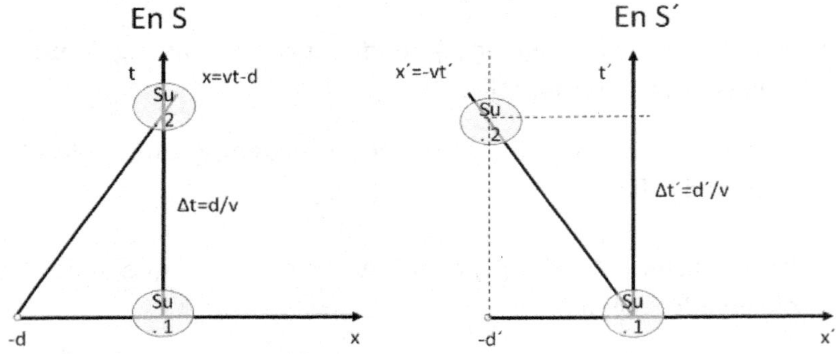

Figura 7.8. Diagramas x,t en S y en S´

Aunque la longitud d´ la han podido medir los observadores 1 y 2 con una simple cinta métrica, para el propósito de nuestro experimento también la puede medir como d´=v Δt´. Al mismo tiempo la longitud medida por el observador fijo se puede calcular como d= v Δt.

Podríamos dudar si el módulo de la velocidad medida por ambos observadores es la misma. El capítulo 10 justifica que es así. Como ambas velocidades relativas tienen el mismo módulo, podemos concluir que d=d´ Δt /Δt´.

La relación entre los tiempos medidos en ambos sistemas de referencia la conocemos del capítulo anterior pero **es clave recordar**

que la relación no es simétrica y que depende de qué observador observa los dos sucesos en la misma posición (tiempo propio). En este caso dicho observador es el fijo en tierra. O sea, podemos decir que:

$$\Delta t' = \frac{\Delta t}{\sqrt{1 - (\frac{v}{c})^2}} \qquad [7]$$

Y por tanto:

$$\boldsymbol{d = d'\sqrt{1 - (\frac{v}{c})^2}} \qquad [8]$$

Es decir **la longitud medida por el observador fijo es menor que la longitud medida dentro del vagón (longitud propia).**

7.4 Demostración de la relatividad del tiempo, la simultaneidad y del espacio apoyada en un ejemplo y el uso del diagrama x,t

Tenemos ya una primera visión de la relatividad del tiempo y del espacio basada en los enunciados establecidos y su aplicación a dos experimentos mentales sencillos.

Un tercer experimento y unas consideraciones adicionales nos permitirán tener una visión global de la Teoría de la Relatividad Especial con su impacto en la relatividad del espacio, del tiempo y de la simultaneidad de los sucesos según el sistema de referencia desde donde se observan los fenómenos y que se reflejan matemáticamente en las **transformaciones de Lorentz**.

El experimento mental que se utiliza vuelve a ser el del vagón que se desplaza a una velocidad v respecto a un sistema fijo. A los sistemas de referencia asociados les llamamos como hemos venido utilizando S´ (sistema de referencia móvil: vagón) y S (sistema de referencia fijo: tierra) respectivamente.

El vagón tiene dos luces: una en la cabecera y otra en la cola.

En el instante t=t´=0 ambos sistemas de referencia coinciden. Definimos así el siguiente suceso:

- suceso 0: Los dos sistemas de referencia coinciden (x=x´=0)

La longitud del vagón medida desde éste[5] (es decir en S´) es 2d´ (longitud propia).

---

[5] Nótese que identificamos la longitud como 2d´ (en vez de d´) para poder definir el centro en d´ y evitar el uso de fracciones (centro en d´/2).

En el instante t´=0 ambas luces se encienden simultáneamente (en el sistema de referencia S´ o vagón). Como hemos enunciado anteriormente podemos decir que esos dos sucesos:

- suceso 1: se enciende la luz de la cola del vagón y

- suceso 2: se enciende la luz de la cabecera del vagón

son simultáneos en el sistema S´ si la luz llega en el mismo instante a la mitad del vagón. Definimos también los siguientes sucesos:

- suceso 3: la luz de la cola del vagón llega al centro del vagón y

- suceso 4: la luz de la cabecera del vagón llega al centro del vagón.

Los sucesos 3 y 4 son simultáneos en el sistema S´ puesto que el 1 y el 2 también lo son en ese sistema considerando el criterio de simultaneidad antes definido (dos sucesos son simultáneos en un sistema de referencia si en ese instante se emite un rayo de luz que llega simultáneamente al centro de ellos). Es decir los sucesos 3 y 4 coinciden en la misma posición y en el mismo instante en S´.

El experimento mental se muestra en la siguiente figura.

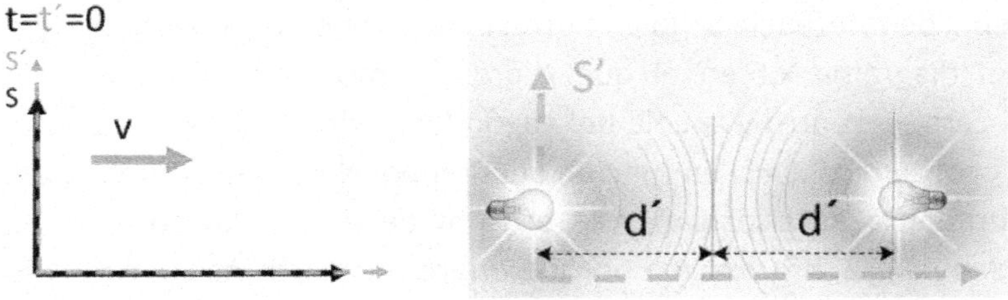

Figura 7.9. Experimento y sistemas de referencia

En el sistema S´ el diagrama x´,t´ y los tres sucesos identificados son como se muestra en la siguiente figura donde las líneas diagonales representan el frente de los rayos de luz, que viajan a velocidad c, para un cierto tiempo t´.

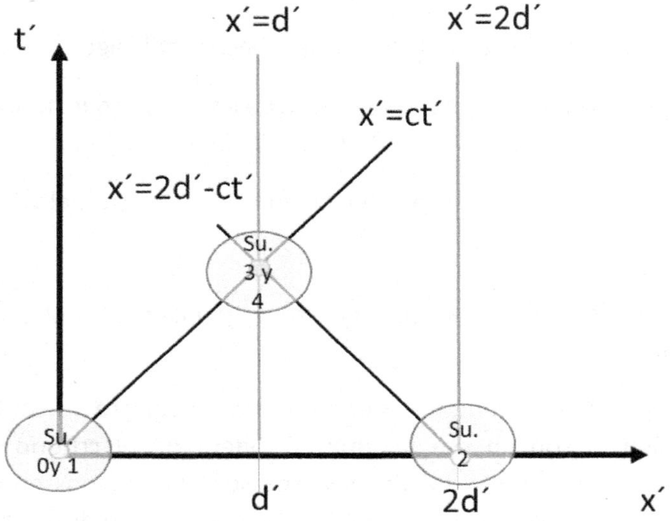

Figura 7.10. Diagrama x´,t´ en S´

La clave para la demostración es entender lo que se observa desde el sistema de referencia S fijo en tierra. Para ello nos volvemos a apoyar en el diagrama x,t en el que representamos la evolución de la cabecera, el centro y la cola del vagón (esta última correspondiente a la coordenada x´=0) en función del tiempo. Nótese que aunque del experimento anterior sabemos el valor de d en relación al d´ no utilizamos esa información porque queremos partir desde cero y lo único que asumimos es que d no tiene por qué ser igual a d´.

Los sucesos 0 y 1 corresponden al mismo suceso también en S, ya que en el sistema S´ coinciden espacial y temporalmente y por tanto también lo hacen en cualquier otro sistema como dijimos.

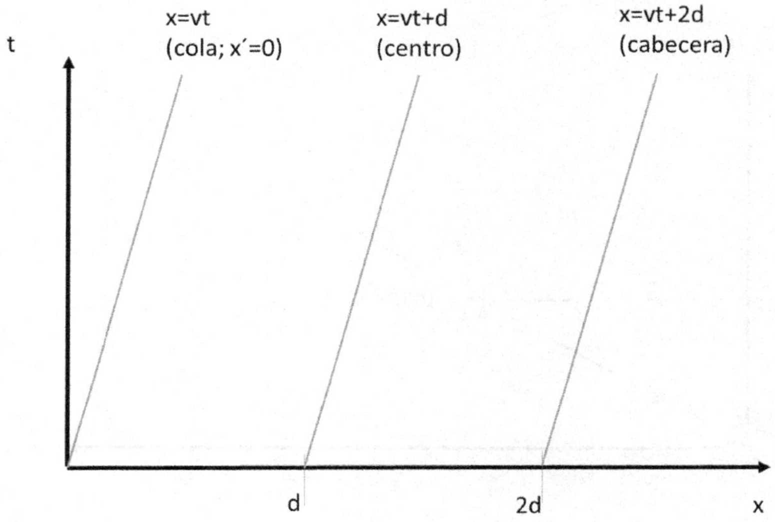

Figura 7.11. Diagrama x,t en S y posición de la cola, centro y cabecera del vagón

Puesto que, de acuerdo con el segundo enunciado, la velocidad de la luz es igual a c en cualquier sistema de referencia, la luz llegará al centro del vagón (suceso 3) cuando el rayo (que sigue la recta x=ct) corte a la del centro del vagón como se muestra en la siguiente figura. Cálculos geométricos básicos (intersección de dos rectas) permiten calcular que en el sistema S las coordenadas espacio-temporales del suceso 3 son x=cd/(c-v); t=d/(c-v).

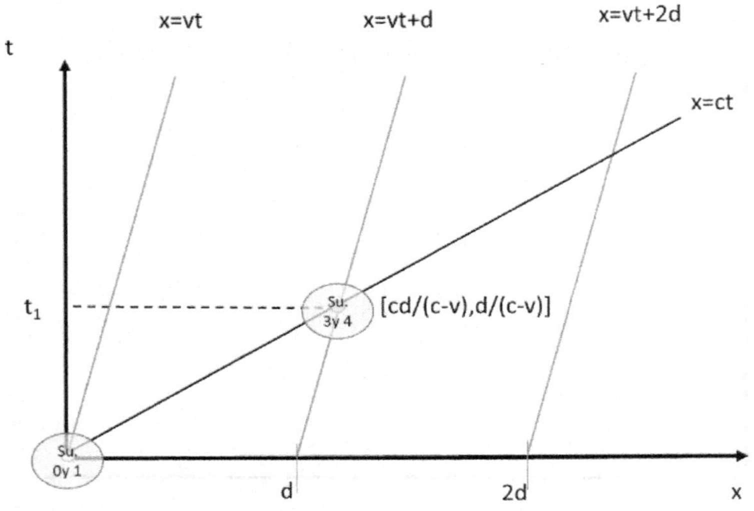

Figura 7.12. Identificación de las coordenadas x,t del suceso 3 en el sistema de referencia S

Puesto que los sucesos 3 y 4 coinciden en un mismo lugar y en un mismo instante en S', constituyen una coincidencia espacio-temporal. Esa coincidencia corresponde al mismo punto del espacio-tiempo en cualquier sistema inercial; por tanto, en S las dos llegadas al centro del vagón también deben ocurrir en el mismo suceso.

Y puesto que en ese (y cualquier) sistema la velocidad de la luz es c, la luz debe haber partido de la cabecera del tren en un instante que permite que se cumpla esa simultaneidad, es decir donde un rayo de luz (con pendiente −1/c) que llega en la posición y tiempo identificada por esos sucesos 3 y 4, corta a la recta que define el movimiento de la cabecera como se muestra en la siguiente figura (dicha intersección entre el rayo de luz y el movimiento de la cabecera define el suceso 2 en S). Preste el lector una atención especial a este razonamiento porque es clave para el correcto entendimiento de la teoría.

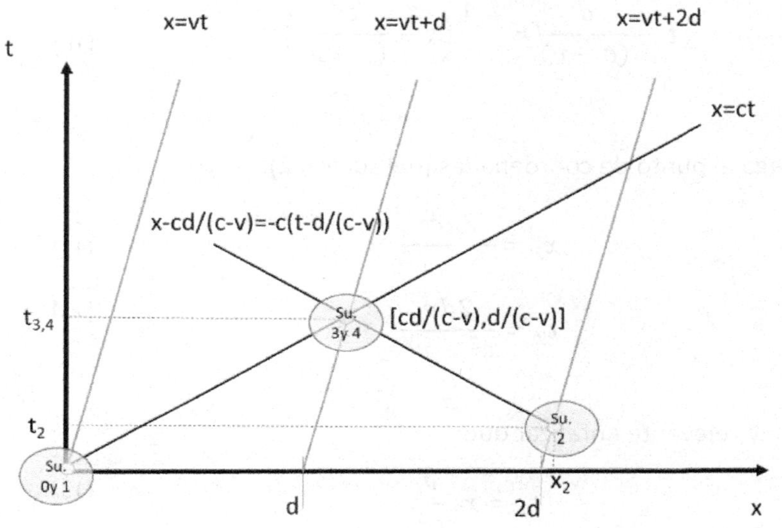

Figura 7.13. Identificación de las coordenadas espacio-temporales del suceso 2 en el sistema S

Se puede observar que en el sistema S dicho suceso 2 ocurre en un tiempo t_2 distinto de 0 y por tanto no es simultáneo con el suceso 1.

Este resultado es novedoso respecto a las dos demostraciones previas y aporta una tercera visión clave de las implicaciones de la Teoría de la Relatividad Especial: **Dos sucesos separados en la dirección del movimiento** (con distintas coordenadas x) **y que son simultáneos en un sistema de referencia no lo son en otro que se mueve respecto al primero.**

Calculando las coordenadas espacio-temporales de dicho suceso 2 como intersección de las rectas:

$$x = vt + 2d \qquad [9]$$

que representa el movimiento de la cabecera del vagón y la recta que pasa por los sucesos 3 y 4 y tiene pendiente $-1/c$:

$$t - \frac{d}{(c - v)} = -\frac{1}{c}\left(x - \frac{cd}{(c - v)}\right) \qquad [10]$$

Se llega al punto de coordenadas (del suceso 2):

$$x_2 = \frac{2dc^2}{c^2 - v^2} \qquad [11]$$

$$t_2 = \frac{2dv}{c^2 - v^2} \qquad [12]$$

Es muy relevante enfatizar que:

$$t_2 = x_2 \frac{v}{c^2} \qquad [13]$$

Si hiciésemos los mismos cálculos para otros valores de d llegaríamos lógicamente a otros valores de x y t del suceso 2 pero siempre se cumpliría que:

$$t = x \frac{v}{c^2} \qquad [14]$$

Es decir sucesos que en el sistema de referencia S´ son simultáneos en t´=0 cumplirán en el sistema S la relación anterior entre su coordenada espacial x y su coordenada temporal t. Como veremos esta implicación queda reflejada en las transformaciones de Lorentz. Estos sucesos se pueden representar en el diagrama x,t por una recta con dicha ecuación.

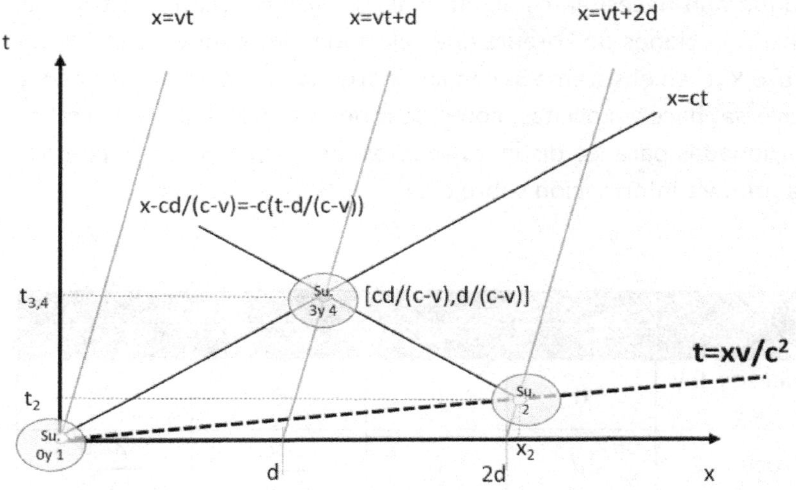

Figura 7.14. Recta de los sucesos que ocurren en el sistema S´ en t´=0.

Nótese que si utilizásemos unidades de x y t en el que c=1 (por ejemplo años y años-luz) la recta identificada sería simétrica de la de x=vt respecto de x=t (rayo de luz) como se muestra en la siguiente figura en la que $\tan(\alpha) = v$.

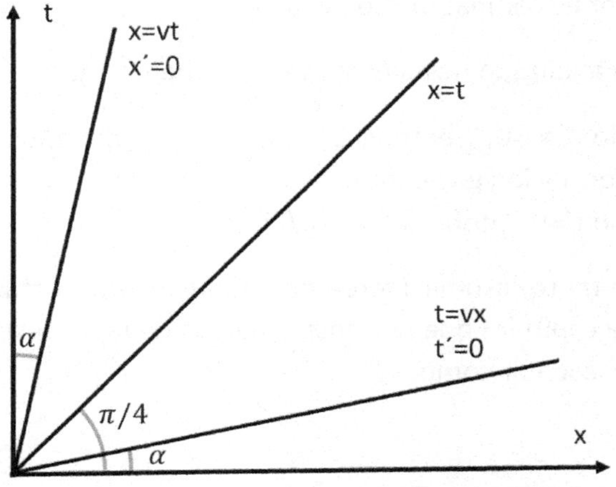

Figura 7.15. Recta de los sucesos que ocurren en el sistema S´ en t´=0 (t=xv) y relación con la recta x=vt y el rayo de luz x=t cuando se usan unidades tales que c=1

Aunque aún necesitamos algún análisis adicional para construir las transformaciones de Lorentz que relacionan las coordenadas de un suceso x´,t´ en el sistema S´ con las coordenadas x,t en el sistema S y viceversa, hacer explícitas, como se muestra en la tabla 7.1, ambas coordenadas para los distintos sucesos identificados nos puede dar una primera información sobre ellas.

Suceso	Sistema S´		Sistema S	
	x´	t´	x	t
Sucesos 0 y 1	0	0	0	0
Suceso 2	$2d'$	0	$\frac{2dc^2}{c^2-v^2}$	$\frac{2dv}{c^2-v^2}$
Suceso 3 y 4	d'	$\frac{d'}{c}$	$\frac{cd}{(c-v)}$	$\frac{d}{(c-v)}$

Tabla 7.1. Coordenadas x´,t´ en S´ y x,t en S para los sucesos identificados

Cuando calculemos esas transformaciones podremos comprobar que la tabla anterior es compatible con ellas.

Volviendo a lo analizado hasta el momento sabemos que:

- Cuando x´=0 entonces $x = vt$ (semejante a la transformación galileana).
- Cuando t´=0 entonces $t = vx/c^2$.

Podemos, por tanto, asumir (veremos una justificación más formal en el siguiente capítulo) que la transformación de las x´ respecto a x y t la podemos escribir como:

$$x' = (x - vt)f(x, t, \mathcal{V}, c) \qquad [15]$$

$$t' = \left(t - \frac{vx}{c^2}\right) g(x, t, \mathcal{V}, c) \qquad [16]$$

Donde $\mathcal{V}$ es el valor absoluto de v.

Las funciones f y g son desconocidas y en principio pueden depender de todas las variables que definen el problema. No obstante, si el espacio-tiempo es homogéneo, estas funciones no pueden depender de x ni de t porque implicaría que las transformaciones dependen del lugar y del tiempo donde se apliquen.

Por tanto podemos escribir que:

$$x' = (x - vt) f(\mathcal{V}, c) \qquad [17]$$

$$t' = \left(t - \frac{vx}{c^2}\right) g(\mathcal{V}, c) \qquad [18]$$

Si aplicamos estas ecuaciones a un rayo de luz cuya velocidad sabemos que vale c en cualquiera de los dos sistemas de referencia se cumple que x´= ct´ y x = ct. Por tanto, sustituyendo x por ct en [17] e igualando x´ a ct´ siendo t´ como se define en [18]:

$$(ct - vt) f(\mathcal{V}, c) = c(t - \frac{vct}{c^2}) g(\mathcal{V}, c) \qquad [19]$$

Lo que implica que:

$$f(\mathcal{V}, c) = g(\mathcal{V}, c) \qquad [20]$$

Si hiciésemos ese mismo análisis considerando S´ fijo y S móvil se deberían cumplir las mismas transformaciones considerando ahora que la v pasaría a ser –v. Es decir podríamos escribir que:

$$x = (x' + vt')f(\mathcal{V}, c) \quad [21]$$

$$t = \left(t' + \frac{vx'}{c^2}\right)f(\mathcal{V}, c) \quad [22]$$

Puesto que ambos conjuntos de ecuaciones deben ser compatibles sustituyendo por ejemplo x´ y t´ en la ecuación $x = (x' + vt')f(\mathcal{V}, c)$ llegaríamos a:

$$x = \left((x - vt)f(\mathcal{V}, c) + v\left(t - \frac{vx}{c^2}\right)f(\mathcal{V}, c)\right)f(\mathcal{V}, c) \quad [23]$$

Y operando:

$$x = \left(xf(\mathcal{V}, c) - \frac{v^2x}{c^2}f(\mathcal{V}, c)\right)f(\mathcal{V}, c) \quad [24]$$

O sea:

$$1 = f^2(\mathcal{V}, c)(1 - \frac{v^2}{c^2}) \quad [25]$$

Lo que implica que:

$$f(\mathcal{V}, c) = \frac{1}{\sqrt{1 - \frac{v^2}{c^2}}} \quad [26]$$

El valor de $f(\mathcal{V}, c)$ que es solución de [25] y es negativo $\left(f(\mathcal{V}, c) = -\frac{1}{\sqrt{1-\frac{v^2}{c^2}}}\right)$ no es una solución válida como se justificará más adelante.

Por tanto, sustituyendo el valor de $f(\mathcal{V},c)$ en [17] y [18] considerando además [20], podemos finalmente escribir las **transformaciones de Lorentz** como:

$$x' = \frac{x - vt}{\sqrt{1 - \frac{v^2}{c^2}}} \qquad [27]$$

$$t' = \frac{t - \frac{vx}{c^2}}{\sqrt{1 - \frac{v^2}{c^2}}} \qquad [28]$$

Igualmente, las **transformaciones inversas de Lorentz** que calculan x,t en función de x´y t´ son:

$$x = \frac{x' + vt'}{\sqrt{1 - \frac{v^2}{c^2}}} \qquad [29]$$

$$t = \frac{t' + \frac{vx'}{c^2}}{\sqrt{1 - \frac{v^2}{c^2}}} \qquad [30]$$

Aplicando estas transformaciones a los 3 sucesos descritos en la tabla 7.1 podemos comprobar que estas se cumplen en los tres casos con $d = d'\sqrt{1 - (\frac{v}{c})^2}$.

7.5 Demostración global de las transformaciones de Lorentz basada en los enunciados básicos de la Relatividad

Las tres demostraciones anteriores nos han permitido justificar parcial o globalmente las transformaciones de Lorentz apoyadas en algunos de los enunciados establecidos anteriormente. No obstante una demostración basada directamente en los dos postulados y en las hipótesis de homogeneidad e isotropía introducidas en el capítulo 6, permite un proceso compacto global para la formulación de dichas transformaciones que vamos a abordar en este subcapítulo.

Partimos como hemos venido haciendo de un sistema de referencia fijo S y un sistema S´ que para t=t´=0 coinciden y que se mueve respecto al primero a una velocidad v en la dirección y sentido de x.

Como primer paso, y ya se ha mencionado anteriormente, la isotropía del espacio implica que podemos elegir la coordenada x en la dirección del movimiento relativo entre los dos sistemas de referencia y así dejar el análisis restringido a la coordenada x y el tiempo t.

Por la homogeneidad del espacio y del tiempo, los coeficientes de la transformación entre sistemas inerciales no pueden depender de las coordenadas x´ ni de t´; tomando orígenes coincidentes, la transformación es entonces lineal. Es decir podemos escribir que:

$$\begin{Bmatrix} x \\ t \end{Bmatrix} = \begin{bmatrix} A & B \\ C & D \end{bmatrix} \begin{Bmatrix} x' \\ t' \end{Bmatrix} \qquad [31]$$

Donde A, B, C, D no pueden ser funciones de x´ ni de t´ aunque sí de v.

Para tener información sobre A, B, C, y D utilizaremos la siguiente información:

- Si observamos el movimiento de una partícula situada en el sistema S´ en x´=0 el observador fijo lo verá en una posición x=vt es decir: En S´ sus coordenadas serán 0,t´y en S vt,t. Esto puede escribirse como:

$$\begin{Bmatrix} vt \\ t \end{Bmatrix} = \begin{bmatrix} A & B \\ C & D \end{bmatrix} \begin{Bmatrix} 0 \\ t' \end{Bmatrix} \quad [32]$$

Operando:

$$vt = Bt' \quad y \quad t = Dt' \quad [33]$$

Lo que implica que:

$$B = Dv \quad [34]$$

- Al mismo tiempo, si desde el sistema S´ observamos otra partícula fija en el sistema S en el origen (x=0), el observador fijo en S´ lo verá desplazarse con una velocidad –v y por tanto en una posición –vt´, es decir: en S sus coordenadas espacio-temporales serán 0, t y en S´ -vt´, t´. Lo que podemos escribir como:

$$\begin{Bmatrix} 0 \\ t \end{Bmatrix} = \begin{bmatrix} A & B \\ C & D \end{bmatrix} \begin{Bmatrix} -vt' \\ t' \end{Bmatrix} \quad [35]$$

Operando:

$$0 = -Avt' + Bt' \quad [36]$$

Lo que implica que $B = Av$ y por tanto, uniéndolo a [34], que $A = D$.

- Por otra parte sabemos que la velocidad de la luz es la misma en los dos sistemas de referencia S y S´ por tanto un fotón que parte del origen x=x´=0 en el instante inicial t=t´=0 ambos observadores lo verán pasado un tiempo en una posición igual a c por su tiempo. Es decir (sustituyendo ya los valores de B y D):

$$\begin{Bmatrix} ct \\ t \end{Bmatrix} = \begin{bmatrix} A & Av \\ C & A \end{bmatrix} \begin{Bmatrix} ct' \\ t' \end{Bmatrix} \quad [37]$$

Operando podemos deducir que $C = Av/c^2$.

Por tanto podemos escribir que:

$$\begin{Bmatrix} x \\ t \end{Bmatrix} = A \begin{bmatrix} 1 & v \\ v/c^2 & 1 \end{bmatrix} \begin{Bmatrix} x' \\ t' \end{Bmatrix} \quad [38]$$

Si hiciésemos el mismo análisis considerando ahora el sistema S´ como fijo y S como móvil llegaríamos a una expresión semejante sustituyendo v por –v es decir:

$$\begin{Bmatrix} x' \\ t' \end{Bmatrix} = A \begin{bmatrix} 1 & -v \\ -v/c^2 & 1 \end{bmatrix} \begin{Bmatrix} x \\ t \end{Bmatrix} \quad [39]$$

Pero al mismo tiempo si de la ecuación [38] despejamos $\begin{Bmatrix} x' \\ t' \end{Bmatrix}$ podemos escribir que:

$$\begin{Bmatrix} x' \\ t' \end{Bmatrix} = 1/A \begin{bmatrix} 1 & v \\ v/c^2 & 1 \end{bmatrix}^{-1} \begin{Bmatrix} x \\ t \end{Bmatrix} \quad [40]$$

Ambas relaciones [39] y [40] deben ser las mismas[6] y por tanto considerando que:

$$\begin{bmatrix} 1 & v \\ v/c^2 & 1 \end{bmatrix}^{-1} = \frac{c^2}{c^2 - v^2}\begin{bmatrix} 1 & -v \\ -v/c^2 & 1 \end{bmatrix} \qquad [41]$$

Se debe cumplir que:

$$A^2 = \frac{1}{1 - v^2/c^2} \qquad [42]$$

Por lo que:

$$\begin{Bmatrix} \boldsymbol{x'} \\ \boldsymbol{t'} \end{Bmatrix} = \frac{\mathbf{1}}{\sqrt{\mathbf{1} - \boldsymbol{v}^2/\boldsymbol{c}^2}}\begin{bmatrix} \mathbf{1} & -\boldsymbol{v} \\ -\boldsymbol{v}/\boldsymbol{c}^2 & \mathbf{1} \end{bmatrix}\begin{Bmatrix} \boldsymbol{x} \\ \boldsymbol{t} \end{Bmatrix} \qquad [43]$$

Nótese que la solución de [42] con A negativo no es válida lo que se puede demostrar de forma sencilla para el caso v=0 ya que dicha solución sería x´=-x y t´=-t lo que carece de sentido.

La ecuación [43] representa las transformaciones de Lorentz que ya conocíamos, o sea:

$$\boldsymbol{x'} = \frac{\boldsymbol{x} - \boldsymbol{vt}}{\sqrt{\mathbf{1} - \frac{\boldsymbol{v}^2}{\boldsymbol{c}^2}}} \qquad [44]$$

---

[6] Nótese que este argumento es semejante cuando analizamos las coordenadas en dos sistemas de referencia uno girado un ángulo α respecto al otro en donde la matriz que relaciona las coordenadas en ambos sistemas de referencia es $\begin{bmatrix} \cos(\alpha) & sen(\alpha) \\ -sen(\alpha) & \cos(\alpha) \end{bmatrix}$. La transformación inversa se consigue dando, lógicamente, los mismos resultados tanto cambiando el sentido del giro (es decir cambiando α por –α) como haciendo la inversa de dicha matriz.

$$t' = \frac{t - \frac{vx}{c^2}}{\sqrt{1 - \frac{v^2}{c^2}}} \qquad [45]$$

Nótese que si escribimos la transformación inversa, es decir $\begin{Bmatrix} x \\ t \end{Bmatrix} = [M]\begin{Bmatrix} x' \\ t' \end{Bmatrix}$, ésta la podemos obtener tanto cambiando el signo de -v a +v en la matriz de la ecuación [43] o despejando $\begin{Bmatrix} x \\ t \end{Bmatrix}$ de esa ecuación es decir haciendo la inversa de $\frac{1}{\sqrt{1-v^2/c^2}}\begin{bmatrix} 1 & -v \\ -v/c^2 & 1 \end{bmatrix}$.

8 La invariancia del intervalo espacio-temporal en distintos sistemas de referencia

Partiendo de las transformaciones de Lorentz que hemos demostrado, es más preciso, para formular el invariante relativista, objeto de este capítulo, referirnos al intervalo espacio-temporal entre dos sucesos. Si dos sucesos tienen diferencia de coordenadas Δx, Δt en un sistema S y $\Delta x'$, $\Delta t'$ en un sistema S´ entonces se cumple que[7]:

$$\Delta x' = \frac{\Delta x - v\Delta t}{\sqrt{1 - v^2/c^2}} \qquad [46]$$

$$\Delta t' = \frac{\Delta t - \frac{v}{c^2}\Delta x}{\sqrt{1 - v^2/c^2}} \qquad [47]$$

En una dimensión espacial, llamaremos intervalo espacio-temporal entre dos sucesos a la magnitud $-c^2\Delta t'^2 + \Delta x'^2$ que, como veremos, tiene el mismo valor en todos los sistemas de referencia inerciales. Basado en [46] y [47] podemos calcular el valor de esa magnitud, sustituyendo los valores de $\Delta x'$ y $\Delta t'$ y con unas operaciones simples llegamos a:

---

[7] La linealidad de las transformaciones permite aplicarlas directamente a incrementos de espacio y tiempo.

$$-c^2\Delta t'^2 + \Delta x'^2 = -c^2\Delta t^2 + \Delta x^2 \tag{48}$$

Es decir, el valor de la magnitud $-c^2\Delta t^2 + \Delta x^2$ es un invariante: tiene el mismo valor en cualquier sistema de referencia inercial.

Este invariante tiene distintas implicaciones muy relevantes en el entendimiento de la Teoría de la Relatividad Especial pero no desarrollaremos aquí todas sus implicaciones para no apartarnos del objetivo principal del libro. No obstante, sí anticiparemos una consecuencia de este invariante y es el referido al tiempo propio. Para un mismo par de sucesos con separación temporal, el tiempo propio es el medido en el sistema en que ambos sucesos ocurren en la misma posición, y es el menor de los tiempos asociados a ese par de sucesos. Por ejemplo si medimos el tiempo en la misma posición del sistema móvil S´ (Δx´=0), se cumplirá que:

$$-c^2\Delta t^2 + \Delta x^2 = -c^2\Delta t'^2 + 0 \tag{49}$$

Por lo que, asumiendo que $c^2\Delta t^2 > \Delta x^2$, se cumplirá que:

$$\Delta t = \sqrt{\Delta t'^2 + \frac{\Delta x^2}{c^2}} > \Delta t' \tag{50}$$

Por tanto, para un mismo par de sucesos, el tiempo propio es el medido en el sistema en el que ambos sucesos ocurren en la misma posición y es el menor de todos los tiempos transcurridos en cualquier otro sistema de referencia entre ese par de sucesos.

9 Mantenimiento de las longitudes en los ejes perpendiculares al movimiento

Para justificar que las longitudes perpendiculares al movimiento relativo entre dos sistemas de referencia no se ven afectadas por dicho movimiento, puede usarse un argumento de simetría como el que propone Taylor [Ref. 2].

Imaginemos dos observadores, uno en el sistema fijo S y otro en el sistema móvil S´, de la misma altura cuando están en reposo. El observador situado en S´ lleva un objeto colocado a la altura de la parte superior de su cabeza, en una dirección perpendicular al movimiento relativo. Supongamos, para llegar a una contradicción, que las longitudes perpendiculares al movimiento sí se modificaran, por ejemplo que se contrajeran. Entonces, visto desde S, el observador de S´ aparecería más bajo al pasar, y el objeto que lleva podría alcanzarle la cabeza al observador de S. Pero el experimento es completamente simétrico: desde S´, es el observador de S el que se mueve, y por el mismo razonamiento debería ser éste el que apareciera contraído. En ese caso, el objeto no le alcanzaría. Ambas conclusiones no pueden ser correctas al mismo tiempo, porque el resultado físico del encuentro ha de ser único, con independencia del sistema de referencia desde el que se describa. La suposición inicial conduce, por tanto, a una contradicción.

Un razonamiento análogo excluye también la posibilidad de una expansión. La única conclusión compatible con la simetría entre ambos sistemas de referencia es que las longitudes medidas en direcciones perpendiculares al movimiento relativo no se modifican.

10 Por qué la velocidad del otro sistema de referencia es la misma en S y S´

En las demostraciones previas hemos utilizado la hipótesis de que la velocidad relativa entre los dos sistemas es, en valor absoluto, la misma vista desde los dos sistemas.

Es importante justificar esta hipótesis: la velocidad de S´ respecto a S medida en el sistema S es igual en módulo a la de S respecto a S´ medida en el sistema S´, cambiando únicamente de signo.

Para demostrarlo puede usarse de nuevo un argumento de simetría, apoyado en la isotropía del espacio y en el razonamiento propuesto en [Ref. 2]. Consideremos la transformación del sistema S al sistema S´, que denotaremos por (S→S´). Si antes de aplicar esta transformación giramos los ejes un ángulo de 180° alrededor de un eje perpendicular al movimiento, por ejemplo el eje y, invertimos la dirección del eje x sin alterar ninguna ley física ni el valor de ninguna velocidad; únicamente cambia el sentido con que esa velocidad se representa. Si a continuación aplicamos la transformación (S→S´) y finalmente deshacemos la rotación, el efecto neto es equivalente a describir la transformación inversa (S´→S).

Como las rotaciones no modifican el módulo de las velocidades y solo cambian la orientación de los ejes, se concluye que, si desde S el sistema S´ se mueve con velocidad v, desde S´ el sistema S se mueve con velocidad -v. Por tanto, ambas velocidades relativas tienen el mismo módulo y sentidos opuestos.

Esta igualdad en módulo de las velocidades relativas es la que nos permite usar sin ambigüedad la misma v en ambos sistemas, cambiando únicamente el signo cuando intercambiamos la perspectiva de los sistemas de referencia.

11 Implicaciones de las transformaciones de Lorentz

11.1 Introducción

Aunque en el capítulo 7 hemos justificado la relatividad del tiempo, del espacio y de la simultaneidad de sucesos y demostrado las transformaciones de Lorentz, vamos ahora, apoyándonos en dichas transformaciones, a volver a justificar la relatividad del tiempo, las longitudes y la simultaneidad. Esto, lógicamente, no aporta un conocimiento nuevo pero sí ayuda a familiarizarse con la aplicación de dichas transformaciones.

11.2 Aplicación de las transformaciones de Lorentz y dilatación del tiempo

Retomemos el ejemplo que vimos en el capítulo 7.2 donde un observador en un sistema móvil lanza un rayo de luz en vertical hacia arriba que rebota en el techo y vuelve a la base.

Los dos sucesos 1) lanzamiento del rayo y 2) vuelta de éste hasta el origen tienen coordenadas en S´ x´=0, t´=0 y x´=0, t´=2h/c respectivamente. En el sistema S el primer suceso ocurre en x=0 y t=0 porque hemos identificado el origen de espacio y tiempo cuando coinciden ambos sistemas de referencia.

De acuerdo con las transformaciones inversas de Lorentz ¿en qué posición y tiempo se observará el suceso 2?

$$x_2 = \frac{0 + vt'_2}{\sqrt{1 - v^2/c^2}} \qquad [51]$$

$$t_2 = \frac{t'_2 + v/c^2 * 0}{\sqrt{1 - v^2/c^2}} \qquad [52]$$

O sea, utilizando incrementos de tiempos ($t_2 = \Delta t, t'_2 = \Delta t'$):

$$\boldsymbol{\Delta t} = t_2 = \frac{t'_2}{\sqrt{1 - v^2/c^2}} = \frac{\boldsymbol{\Delta t'}}{\sqrt{\boldsymbol{1 - v^2/c^2}}} \qquad [53]$$

Que coincide con lo que demostramos previamente.

Obsérvese que considerando el valor de t'_2 de [53] y sustituyendo en [51] llegamos a que $x_2 = vt_2$ como ya sabíamos (en ejes fijos el vagón se ha movido esa cantidad vt_2).

¿Qué ocurre si aplicamos las transformaciones directas al suceso 2?

$$0 = \frac{x_2 - vt_2}{\sqrt{1 - \frac{v^2}{c^2}}} \qquad [54]$$

$$t'_2 = \frac{t_2 - \frac{vx_2}{c^2}}{\sqrt{1 - \frac{v^2}{c^2}}} \qquad [55]$$

De [54] $x_2 = vt_2$ (como también vimos antes) y sustituyendo en [55]:

$$t'_2 = \frac{t_2 - \frac{v}{c^2}vt_2}{\sqrt{1 - \frac{v^2}{c^2}}} = t_2\sqrt{1 - \frac{v^2}{c^2}} \qquad [56]$$

O sea:

$$\Delta t' = \Delta t\sqrt{1 - \frac{v^2}{c^2}} \qquad [57]$$

Que, lógicamente, es la misma conclusión que la de [53]. Es decir los resultados de aplicar las transformaciones directas o inversas no cambian los resultados como no podría ser de otra forma.

Pero ¿qué ocurre si analizamos ahora el mismo problema intercambiando el papel físico de los sistemas? Es decir, consideremos ahora el vagón como el sistema fijo y la tierra como sistema móvil que se mueve con velocidad –v respecto al anterior. Esto es perfectamente válido puesto que no hay sistemas de referencia inerciales privilegiados.

Por mantener la lógica usada a lo largo del libro que llama S al sistema fijo y S´ al móvil, el sistema S estará ligado en esta parte del libro al vagón y S´ a la tierra. Es decir:

- Hasta ahora: S≡ tierra ≡ fijo, S´≡ vagón ≡ móvil.

- <u>En el razonamiento siguiente: S≡ vagón ≡ fijo, S´≡ tierra ≡ móvil.</u>

Las transformaciones directas son ahora:

$$x' = \frac{x + vt}{\sqrt{1 - \frac{v^2}{c^2}}} \qquad [58]$$

$$t' = \frac{t + \frac{vx}{c^2}}{\sqrt{1 - \frac{v^2}{c^2}}} \qquad [59]$$

Y las inversas:

$$x = \frac{x' - vt'}{\sqrt{1 - \frac{v^2}{c^2}}} \qquad [60]$$

$$t = \frac{t' - \frac{vx'}{c^2}}{\sqrt{1 - \frac{v^2}{c^2}}} \qquad [61]$$

Haciendo los mismos cálculos que hemos hecho antes considerando que el suceso 2 en ejes fijos (el vagón ahora) son $x = 0$ y $t_2 = 2h/c$.

Usando las transformaciones de Lorentz, considerando que la velocidad es -v:

$$t'_2 = \frac{t_2 + v/c^2 * 0}{\sqrt{1 - v^2/c^2}} \qquad [62]$$

O sea:

$$\Delta t' = \frac{\Delta t}{\sqrt{1 - v^2/c^2}} \qquad [63]$$

Usando las transformaciones inversas:

$$0 = \frac{x'_2 - vt'_2}{\sqrt{1 - v^2/c^2}} \qquad [64]$$

$$t_2 = \frac{t'_2 - v/c^2\, x'_2}{\sqrt{1 - v^2/c^2}} \qquad [65]$$

Sustituyendo de [64] $x'_2 - vt'_2$ en [65]:

$$t_2 = \frac{t'_2 - \frac{v}{c^2} vt'_2}{\sqrt{1 - \frac{v^2}{c^2}}} = t'_2 \sqrt{1 - \frac{v^2}{c^2}} \qquad [66]$$

O sea:

$$\Delta t = \Delta t' \sqrt{1 - \frac{v^2}{c^2}} \qquad [67]$$

[63] es la misma que [67] y semejantes a [53] y [57] cambiando $\Delta t'$ por Δt puesto que hemos intercambiado los sistemas de referencia. Es decir las conclusiones son las mismas.

Es clave entender que la asimetría se produce en todos los casos por el hecho de que los sucesos 1 y 2 ocurren en el mismo lugar en el vagón (con independencia de que lo consideramos como fijo o móvil y con independencia de usar transformaciones directas o inversas). Para ese par de sucesos, el tiempo medido allí (de un observador fijo respecto a dichos sucesos) es el tiempo propio y cualquier otro tiempo en otro sistema de referencia será mayor que éste.

11.3 Aplicación de las transformaciones de Lorentz y contracción de las longitudes

Apliquemos ahora las transformaciones de Lorentz al caso analizado en el capítulo 7.3, que se recuerda en la siguiente figura

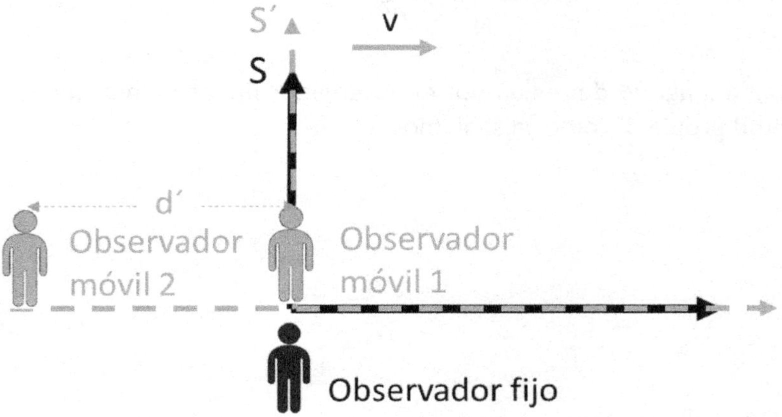

Figura 11.1. Observadores móviles en S´ y fijo en S. El valor de d´ está medido en S´

El suceso 1 lo definimos cuando el observador fijo en S coincide con el observador móvil 1 que se desplaza en S´. Este suceso tiene coordenadas x=x´=0 y t=t´=0.

El suceso 2 lo definimos cuando el observador móvil 2 pasa en frente del observador fijo. Este suceso tiene coordenadas espaciales $x_2=0$, $x'_2=-d'$ y temporales t_2 y t'_2, por el momento desconocidos.

d´ es la longitud medida por los observadores móviles que se desplazan junto al vagón y es por tanto la longitud propia.

Sabemos también que $-x'_2=vt'_2$ y la longitud medida por el observador fijo es $d=vt_2$.

Utilizando las transformaciones de Lorentz para el suceso 2:

$$-d' = \frac{0 - vt_2}{\sqrt{1 - \frac{v^2}{c^2}}} = \frac{-d}{\sqrt{1 - \frac{v^2}{c^2}}} \qquad [68]$$

$$\boldsymbol{d = d'\sqrt{1 - \frac{v^2}{c^2}}} \qquad [69]$$

O sea, la longitud d medida por el observador fijo es menor que la longitud propia d´ como ya sabíamos.

11.4 Aplicación de las transformaciones de Lorentz a la relatividad de la simultaneidad

Retomamos ahora el experimento definido en el capítulo 7.4 y que recordamos en la siguiente figura:

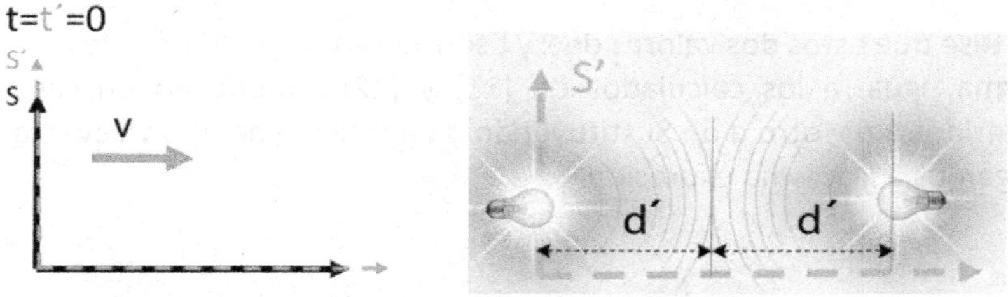

Figura 11.2. Experimento y sistemas de referencia

Definimos el suceso 1 como: luz parte de la cola del vagón y el suceso 2 como: luz parte de la cabecera del vagón (ambos ocurren en t´=0; el primero también en t=0).

Aplicando las transformaciones inversas al suceso 2 (luz parte de la cabecera del vagón) que en el sistema S´ tiene coordenadas x´ =2d´ y t´=0 (es decir es simultáneo en ese sistema de referencia con el suceso 1):

$$t = \frac{0 + \frac{v * 2d'}{c^2}}{\sqrt{1 - \frac{v^2}{c^2}}} \qquad [70]$$

Es decir en el sistema S el suceso 2 ocurre en un tiempo distinto de 0. Por tanto los dos sucesos que son simultáneos en S´ no lo son en el sistema S puesto que en él la bombilla de la cola del vagón se encendió en t=0 y la de la cabecera en el tiempo descrito en la fórmula anterior [70].

Además:

$$x = \frac{2d' + 0v}{\sqrt{1 - \frac{v^2}{c^2}}} \qquad [71]$$

Por lo que se cumple, como ya sabíamos, que $t = xv/c^2$.

Nótese que estos dos valores de x y t son, como no podría ser de otra forma, igual a los calculados en [11] y [12] aunque en un caso referidos a d y otro a d´. Sustituyendo d en función de d´ o viceversa llegamos a la misma expresión.

12 Otros ejemplos que pueden ayudar a consolidar las ideas y a identificar aparentes contradicciones

12.1 Introducción

Se recomienda al lector que intente resolver los ejemplos que se plantean en tres de los siguientes subcapítulos y deje su lectura como comprobación una vez lo haya intentado resolver:

- Problema 1 (descrito en el subcapítulo 12.2). Resolver el ejemplo descrito en el capítulo 11.3 considerando como sistema fijo el vagón.
- Problema 2 (descrito en el subcapítulo 12.3). Apoyado en la figura 12.2, definir los sucesos asociados a los momentos en que coinciden en la misma posición los observadores fijos y móviles, calcular los tiempos de esos sucesos en ejes fijos y móviles y establecer la relación entre d'_m y d_f.
- Problema 3 (descrito en el subcapítulo 12.5). Respecto al ejemplo visto en el capítulo 7.2, se modifica y en el suelo del tren se pone otro espejo que refleja la luz horizontalmente hasta que alcanza una cámara fija en S en x=0.

12.2 Cambiando la perspectiva del ejemplo del capítulo 11.3

Veamos qué ocurre cuando el ejemplo descrito en el capítulo 11.3 lo analizamos visto desde el vagón. Es decir el vagón es ahora el sistema fijo y es la tierra el sistema móvil que se desplaza respecto al vagón a velocidad –v como se muestra en la siguiente figura:

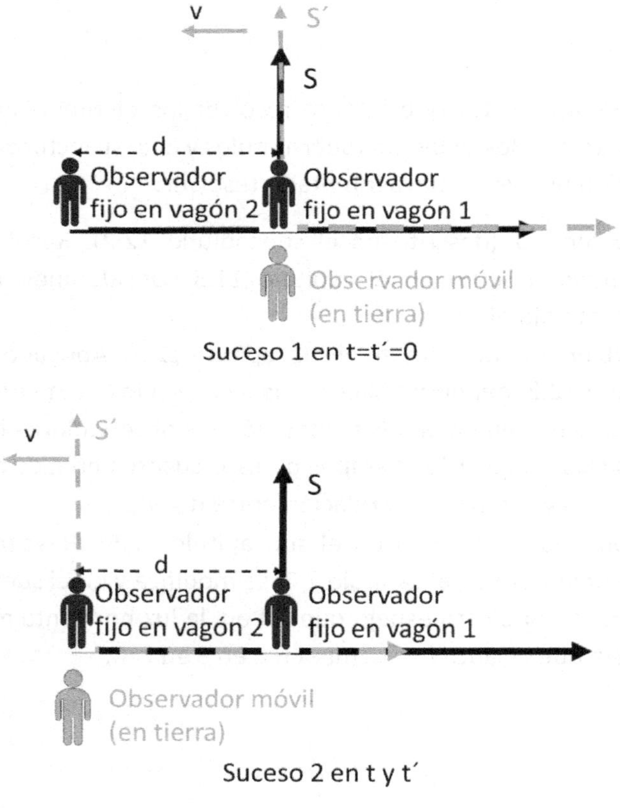

Figura 12.1. Experimento y sistemas de referencia: El valor de d está medido en S

Nótese que, por respetar las convenciones de los sistemas de referencia, llamamos ahora al vagón sistema S (fijo) y a la tierra S´ (móvil) como ya hicimos en 11.2 pero respetando la posición relativa (observadores en el vagón en la parte superior y observador en tierra en la parte inferior) entre los observadores (lo que es irrelevante para el análisis) para que se asemeje más a lo visto en el capítulo 11.2.

Aplicamos las transformaciones de Lorentz al suceso 2 (x´=0, x=-d, y tiempos t y t´) considerando que la velocidad es ahora –v:

$$0 = \frac{-d + vt}{\sqrt{1 - \frac{v^2}{c^2}}} \qquad [72]$$

$$t' = \frac{t + \frac{v(-d)}{c^2}}{\sqrt{1 - \frac{v^2}{c^2}}} \qquad [73]$$

De [72] $t = d/v$ y sustituyendo en [73]:

$$t' = \frac{\frac{d}{v} - \frac{vd}{c^2}}{\sqrt{1 - \frac{v^2}{c^2}}} = \frac{d}{v}\sqrt{1 - \frac{v^2}{c^2}} = t\sqrt{1 - \frac{v^2}{c^2}} \qquad [74]$$

t´ es el tiempo propio pues es el del observador que mide los dos sucesos desde la misma posición.

La distancia entre los observadores 1 y 2 medida desde el observador móvil (en tierra) será:

$$d' = vt' = vt\sqrt{1 - \frac{v^2}{c^2}} = d\sqrt{1 - \frac{v^2}{c^2}} \qquad [75]$$

d es la longitud propia medida por los observadores en reposo y d´ (<d) la medida por el observador "móvil" (en tierra).

Compárese con los resultados que se obtuvieron en el capítulo 11.3.

12.3 Consolidación del concepto de tiempo propio y longitud propia

Analicemos ahora el ejemplo descrito en la siguiente figura:

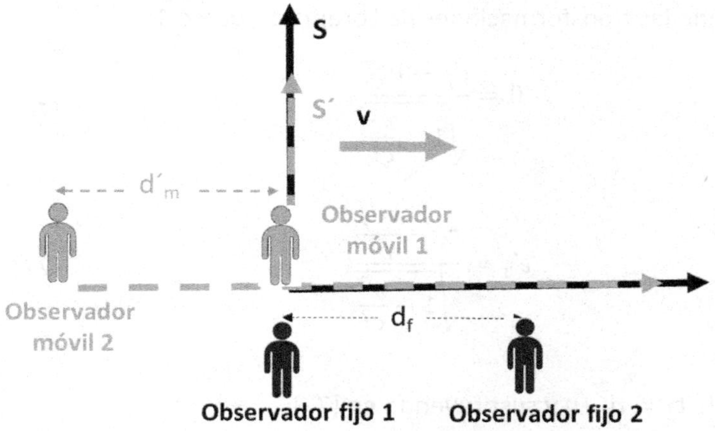

Figura 12.2. Experimento y sistemas de referencia con dos observadores fijos y dos móviles

Nótese que, como advertimos en el capítulo 4, las distancias d_f y d'_m aparecen dibujadas sobre el mismo esquema solo a efectos de identificar los observadores; no están trazadas a escala y, de hecho, al estar medidas en sistemas distintos, no son directamente comparables sobre el papel.

Definamos ahora tres sucesos:

- Suceso 0: El observador fijo 1 coincide con el observador móvil 1 ambos en el origen de coordenadas de sus sistemas de referencia y en el instante t=t´=0.
- Suceso 1: el observador móvil 1 coincide con el observador fijo 2.
- Suceso 2: el observador móvil 2 coincide con el observador fijo 1.

Es importante remarcar que d_f (distancia entre el observador fijo 1 y el observador fijo 2 medida en S) y d'_m (distancia entre el observador móvil 1 y el observador móvil 2 medida en S´) son, por el momento, longitudes cualesquiera <u>no</u> relacionadas entre sí y por tanto no sabemos si el suceso 1 es anterior o posterior al suceso 2.

Aplicando las transformaciones de Lorentz al suceso 1:

$$0 = \frac{d_f - vt_1}{\sqrt{1 - \frac{v^2}{c^2}}} \qquad [76]$$

$$t'_1 = \frac{t_1 - \frac{vd_f}{c^2}}{\sqrt{1 - \frac{v^2}{c^2}}} \qquad [77]$$

De [76], $t_1 = d_f/v$ y sustituyendo en [77]:

$$t'_1 = \frac{\frac{d_f}{v} - \frac{vd_f}{c^2}}{\sqrt{1 - \frac{v^2}{c^2}}} = \frac{d_f}{v}\sqrt{1 - \frac{v^2}{c^2}} = t_1\sqrt{1 - \frac{v^2}{c^2}} \qquad [78]$$

Aplicando las transformaciones de Lorentz al suceso 2:

$$-d'_m = \frac{0 - vt_2}{\sqrt{1 - \frac{v^2}{c^2}}} \qquad [79]$$

$$t'_2 = \frac{t_2 - 0}{\sqrt{1 - \frac{v^2}{c^2}}} = \frac{d'_m}{v} \qquad [80]$$

Obsérvese que la longitud del vagón medida en el sistema S sería vt_2 y por tanto de [79] esa longitud medida valdría $d'_m\sqrt{1-\frac{v^2}{c^2}}$.

El resumen de los tiempos de los dos sucesos en los dos sistemas de referencia se muestra en la siguiente tabla:

Suceso	Tiempo en S	Tiempo en S´
Suceso 1	$t_1 = \frac{d_f}{v}$	$t'_1 = \frac{d_f}{v}\sqrt{1-\frac{v^2}{c^2}}$
Suceso 2	$t_2 = \frac{d'_m}{v}\sqrt{1-\frac{v^2}{c^2}}$	$t'_2 = \frac{d'_m}{v}$

Tabla 12.1. Tiempo de los sucesos 1 y 2 en S y en S´

Es muy importante observar que en este caso t'_1 es el tiempo propio transcurrido desde el suceso 0 al suceso 1 puesto que es el observador móvil 1 el que ha mantenido su posición desde dichos sucesos, mientras que en el suceso 2 el tiempo propio desde t=0 es t_2 puesto que es el observador fijo 1 el que ha mantenido su posición desde el suceso 0 al suceso 2. **Es decir el concepto del tiempo propio no está asociado al hecho de que el sistema sea fijo o móvil sino al hecho de que los sucesos sean observados desde la misma posición como ya habíamos insistido.**

Por otro lado es importante observar que si las longitudes d_f y d'_m fueran iguales los sucesos 1 y 2 no serían simultáneos ni en el sistema fijo ni en el móvil. Eligiendo una cierta relación entre d_f y d'_m podemos conseguir que los sucesos 1 y 2 sean simultáneos en uno de los sistemas de referencia pero nunca en los dos al mismo tiempo:

- Si $d_f = d'_m\sqrt{1-\frac{v^2}{c^2}}$ entonces los dos sucesos son simultáneos en S. El valor de d_f coincidiría con el valor de d'_m medido en S (al que llamaríamos d_m).
- Si $d'_m = d_f\sqrt{1-\frac{v^2}{c^2}}$ entonces los dos sucesos son simultáneos en S´. El valor de d'_m coincidiría con el valor de d_f medido en S´ (al que llamaríamos d'_f).

También podemos decir que:

- d'_m es la longitud propia (medida en S´) y que la medida en S de esa longitud es $d_m = d'_m\sqrt{1-\frac{v^2}{c^2}}$ como ya habíamos anticipado después de la ecuación [80] ya que los observadores fijos ven los móviles simultáneamente.

- d_f es la longitud propia (medida en S) y que la medida en S´ de esa longitud es $d'_f = d_f\sqrt{1-\frac{v^2}{c^2}}$ con las mismas consideraciones que en el punto anterior.

12.4 Otra identificación de la longitud propia

Por insistir en el concepto de longitud propia, planteemos un ejemplo muy semejante al anterior.

Imaginemos una barra en un sistema móvil cuyos extremos están en las coordenadas x'_1 y x'_2 (es decir su longitud es $d'=x'_2-x'_1$).

En el sistema fijo sus coordenadas serán x_2 y x_1 (nótese que, como veremos luego, esta afirmación no es precisa porque no la estamos refiriendo a ningún tiempo concreto lo que nos puede llevar a un planteamiento incorrecto[8]) de tal forma que la longitud observada en este sistema de referencia sería $d=x_2-x_1$.

Podemos escribir aplicando las transformaciones de Lorentz que:

$$x'_1 = \frac{x_1 - vt}{\sqrt{1-\frac{v^2}{c^2}}} \qquad [81]$$

$$x'_2 = \frac{x_2 - vt}{\sqrt{1-\frac{v^2}{c^2}}} \qquad [82]$$

Si restamos [82] – [81] podemos concluir que:

$$d' = \frac{d}{\sqrt{1-\frac{v^2}{c^2}}} \qquad [83]$$

Igualmente, aplicando la transformación inversa de Lorentz:

---

[8] Advertencia: en el desarrollo siguiente se introduce deliberadamente un error que se identificará y corregirá más adelante.

$$x_1 = \frac{x_1' + vt'}{\sqrt{1 - \frac{v^2}{c^2}}} \qquad [84]$$

$$x_2 = \frac{x'_2 + vt'}{\sqrt{1 - \frac{v^2}{c^2}}} \qquad [85]$$

Si restamos [85] – [84] podemos concluir que:

$$d = \frac{d'}{\sqrt{1 - \frac{v^2}{c^2}}} \qquad [86]$$

Las conclusiones de [83] y [86] son claramente contradictorias ¿Cuál es la correcta y dónde está el error en la otra?

La clave es que cuando medimos en el sistema S las medidas de x_1 y x_2 deben ser simultáneas es decir en el mismo t. Por tanto la solución válida es la primera en [83]. En la segunda (ecuación [86]) la simultaneidad de t´ no lo es en el sistema S por lo que las posiciones x_2 y x_1 no están medidas simultáneamente y por tanto x_2-x_1 no mide la longitud d.

La solución es por tanto la que conocíamos: La longitud d´ es la longitud propia y la longitud d medida en S es menor:

$$d = d' \sqrt{1 - \frac{v^2}{c^2}} \qquad [87]$$

Si quisiéramos utilizar las transformaciones inversas debemos usar las transformaciones entre los tiempos t y t´ para asegurar que x_1 y x_2 se miden en el mismo instante t.

$$t'_1 = \frac{t - v\,x_1/c^2}{\sqrt{1 - \frac{v^2}{c^2}}} \quad [88]$$

$$t'_2 = \frac{t - v\,x_2/c^2}{\sqrt{1 - \frac{v^2}{c^2}}} \quad [89]$$

Sustituyendo [88] con $t'=t_1'$ en [84] y operando:

$$x_1 = \sqrt{1 - \frac{v^2}{c^2}}\, x_1' + vt \quad [90]$$

Igualmente, sustituyendo [89] con $t'=t_2'$ en [85]:

$$x_2 = \sqrt{1 - \frac{v^2}{c^2}}\, x_2' + vt \quad [91]$$

Restando [91] - [90] teniendo en cuenta que ahora x_1 y x_2 están medidos en el mismo tiempo t

$$x_2 - x_1 = \sqrt{1 - \frac{v^2}{c^2}}\,(x'_2 - x'_1) \quad [92]$$

O lo que es lo mismo:

$$d = \sqrt{1 - \frac{v^2}{c^2}}\, d' \quad [93]$$

Como ya habíamos anticipado en [87].

12.5 El experimento que mide la relatividad del tiempo, modificado

Retomemos el ejemplo visto en el capítulo 7.2 donde ahora se modifica y en el suelo del tren se pone otro espejo que refleja la luz horizontalmente hasta alcanzar el origen de coordenadas en el sistema de referencia S como se muestra en la siguiente figura. La llegada de la luz al espejo situado en el suelo del vagón será en $t = \Delta t_1$ como calculamos en dicho capítulo 7.2 pero ahora, además, la luz recorrerá una distancia adicional hasta x=0 en un tiempo Δt_2 por ahora desconocido.

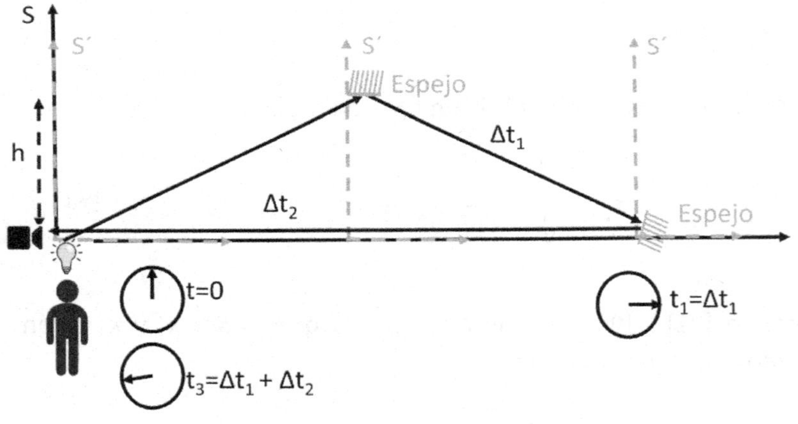

Figura 12.3. Experimento modificado, visto desde el sistema de referencia S (tierra)[9]

[9] Nótese que la bombilla y los espejos están fijos al sistema S´ mientras que el detector está fijo al sistema S.

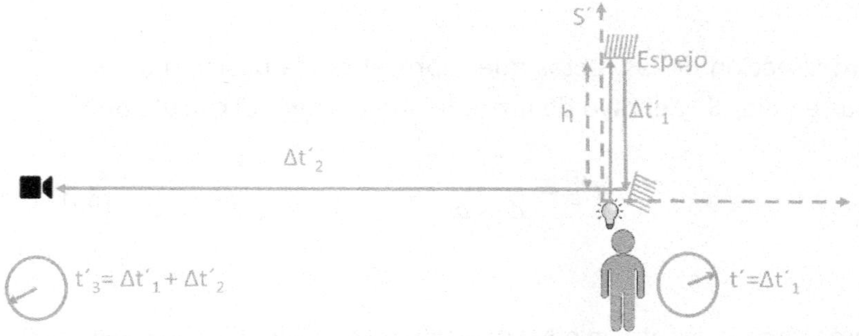

Figura 12.4. Experimento modificado, visto desde el sistema de referencia S´ (vagón)

Ahora a los tiempos que identificamos previamente (Δt_1 y $\Delta t'_1$) tenemos que añadir el tiempo de vuelta (Δt_2 en S y $\Delta t'_2$ en S´).

El diagrama x´,t´ en la siguiente figura nos ayudará a estimar el tiempo $t'_3 = \Delta t'_1 + \Delta t'_2$ en S´.

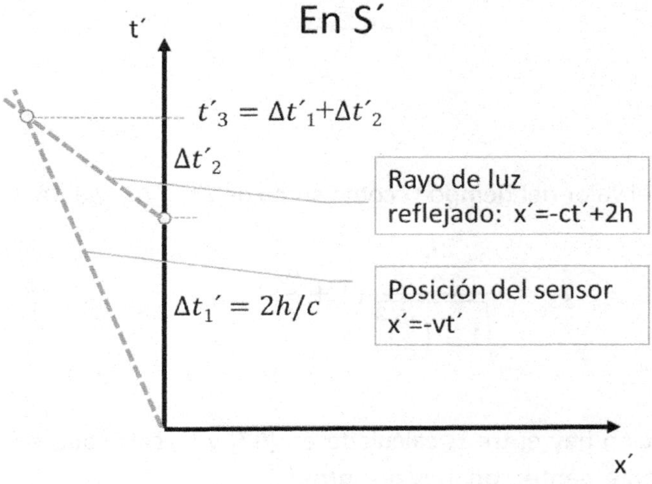

Figura 12.5. Diagrama x´,t´

La intersección de las rectas que representan la posición del sensor de luz en ejes S´ y el rayo de luz reflejado permite el cálculo de t'_3:

$$t'_3 = \frac{2h}{c - v} \quad [94]$$

Veamos ahora cuánto vale Δt_2 (medido en ejes fijos). La distancia que tiene que recorrer el rayo de vuelta es lo que ha avanzado en tren en el tiempo Δt_1 o sea $v\Delta t_1$. Por tanto el tiempo Δt_2 será:

$$\Delta t_2 = \frac{v\Delta t_1}{c} \quad [95]$$

El valor de Δt_1 lo calculamos en [5] y valía:

$$\Delta t_1 = \frac{2h/c}{\sqrt{1 - (\frac{v}{c})^2}} \quad [96]$$

Por tanto el valor del tiempo t_3 como suma de Δt_1 y Δt_2 valdrá:

$$t_3 = \frac{\frac{2h}{c}}{\sqrt{1 - \left(\frac{v}{c}\right)^2}}(1 + \frac{v}{c}) \quad [97]$$

¿Qué relación hay entre t_3 calculado en [97] y t'_3 calculado en [94] que, aparentemente, son muy distintos?

Nótese **que ese tiempo t_3 lo medimos en un punto fijo y por tanto t_3 es el tiempo propio**. Por lo tanto se tiene que cumplir que:

$$t'_3 = \frac{t_3}{\sqrt{1-\left(\frac{v}{c}\right)^2}} \qquad [98]$$

Comprobemos que así es:

$$t'_3 = \frac{\frac{2h}{c}}{\sqrt{1-\left(\frac{v}{c}\right)^2}} \frac{1}{\sqrt{1-\left(\frac{v}{c}\right)^2}}\left(1+\frac{v}{c}\right) \qquad [99]$$

Que operando:

$$t'_3 = \frac{\frac{2h}{c}}{\left(1-\frac{v}{c}\right)} = \frac{2h}{c-v} \qquad [100]$$

Que coincide con lo calculado en [94] lo que confirma que, como anticipamos, el tiempo propio es el medido en el sistema fijo.

13 Composición de velocidades en una dimensión

Imaginemos un sistema de referencia S y un sistema móvil S´ que se mueve con velocidad v respecto a S. Asumimos como en otros casos que en el instante inicial ambos sistemas de referencia coinciden y analizamos el problema unidimensional donde todas las velocidades son en la misma dirección (en el eje x en nuestro ejemplo).

Consideremos un objeto que en el instante t=t´=0 se lanza con velocidad u´ respecto a S´ desde x´=0 en la dirección x, ¿a qué velocidad verá moverse ese objeto un observador ligado al sistema de referencia S? Anticipamos que si aplicásemos la transformación galileana esa velocidad sería lógicamente u=u´+v.

Veamos qué pasa cuando aplicamos la mecánica relativista y seamos cautelosos identificando sucesos.

El suceso 1 es el momento en que el objeto pasa por el origen de coordenadas en t=t´=0 en los que x´=x=0.

El suceso 2 es el momento en que el objeto alcanza una distancia x´ en el sistema S´ en un tiempo t´.

Podemos decir por tanto que la velocidad en el sistema S´ es:

$$u' = x'/t' \qquad [101]$$

¿Qué coordenadas tendrá el suceso 2 en el sistema S?

Aplicando las transformaciones inversas de Lorentz:

$$x = \frac{x' + vt'}{\sqrt{1 - \frac{v^2}{c^2}}} \qquad [102]$$

$$t = \frac{t' + \frac{vx'}{c^2}}{\sqrt{1 - \frac{v^2}{c^2}}} \qquad [103]$$

Y por tanto la velocidad medida en S valdrá:

$$u = \frac{x}{t} = \frac{x' + vt'}{t' + \frac{vx'}{c^2}} \qquad [104]$$

Y sustituyendo el valor de x´ de [101]:

$$\boldsymbol{u} = \frac{u't' + vt'}{t' + \frac{vu't'}{c^2}} = \frac{\boldsymbol{u' + v}}{\boldsymbol{1 + \frac{vu'}{c^2}}} \qquad [105]$$

Nótese que para valores de u´ y v << c llegamos a la transformación galileana que anticipábamos.

Es también muy importante remarcar que por muy cercanas que sean u' y/o v a c la velocidad u nunca superará el valor de c lo que violaría ese límite absoluto de las velocidades. La demostración de esta afirmación es sencilla: Dado que v y u' son menores que c, podemos escribirlas como $v = c(1 - \varepsilon_1)$ y $u' = c(1 - \varepsilon_2)$ donde ε_1 y ε_2 son números positivos menores que 1 y representan lo que le falta a cada velocidad para llegar a la velocidad de la luz. Sustituyendo en la fórmula [105] obtenemos $u = c\frac{2-\varepsilon_1-\varepsilon_2}{2-\varepsilon_1-\varepsilon_2+\varepsilon_1\varepsilon_2}$. El denominador contiene exactamente el mismo factor que el numerador más el término adicional $\varepsilon_1\varepsilon_2$ que es mayor que cero de modo que el denominador es estrictamente mayor que el numerador por lo que u es menor que c.

14 La paradoja del tren y el túnel

Las paradojas ayudan mucho a consolidar las ideas después de enfrentarse a ellas un tiempo y descubrir finalmente su solución. Una de especial interés es la del tren y el túnel (en otra bibliografía se utiliza como ejemplo "la escalera y el granero" o la denominada "serpiente relativista" [Ref. 2]).

Tenemos un tren y un túnel que, en reposo, tienen una longitud semejante, digamos que el túnel es ligeramente superior. En el análisis relativista se considera que la longitud es la misma pero en el análisis no relativista esta pequeña diferencia de longitudes ayuda a explicar la situación en la que el tren está completamente dentro del túnel. El tren viaja a una velocidad v hacia la derecha, es decir la cola del tren es el extremo izquierdo en las figuras.

El túnel tiene una puerta de entrada y otra de salida que se cierran y abren en un cierto instante. El proceso de cierre primero y apertura después ocurre en un intervalo de tiempo muy corto.

En un escenario no relativista (velocidades mucho menores que c) el tren entraría en el túnel y mientras está dentro las dos puertas de entrada y salida se podrían cerrar simultáneamente durante un corto periodo de tiempo y después abrirse. Esto no provoca ningún impacto en el tren ya que éste está durante un corto periodo de tiempo todo él en el interior del túnel tal como se muestra en la siguiente figura:

Figura 14.1. Dimensiones del túnel y el tren en reposo

Ahora supongamos que el tren viaja a una velocidad de, por ejemplo[10], 0,6c de tal forma que $\sqrt{1 - v^2/c^2} = 0{,}8$.

El observador fijo en tierra medirá el tren acortado hasta el 80% de su longitud como muestra la siguiente figura, por lo que las puertas podrán cerrarse simultáneamente sin que el tren tenga ningún desperfecto.

Figura 14.2. Dimensiones observadas desde el sistema fijo con el tren en movimiento a velocidad v=0,6c

Pero el observador subido al tren medirá, como sabemos, que el túnel se ha acortado al 80% de su longitud como se muestra en la

[10] Lógicamente la velocidad seleccionada para el ejemplo no cambia la explicación de la paradoja pero se elige un valor que permita mostrar gráficamente el análisis que sigue.

siguiente figura por lo que la puerta delantera al cerrarse chocará aparentemente con el tren.

Figura 14.3. Dimensiones observadas desde el sistema móvil con el túnel en movimiento a velocidad v=-0,6c

Pero la realidad sólo puede ser una (la puerta de la salida choca o no choca con el tren) con independencia de que el observador esté fijo en tierra o subido al tren por lo que el razonamiento tiene que tener algún defecto. ¿Cuál es ese error de razonamiento que nos permite resolver la paradoja?

Para ello planteemos las transformaciones de Lorentz para los tres siguientes sucesos:

- suceso 1: la cabecera del tren (extremo derecho de éste) llega a la puerta de salida,
- suceso 2: la cola del tren (extremo izquierdo de éste) sobrepasa a la puerta de entrada,
- suceso 3: se cierra y abre la puerta a la salida

en los sistemas S (fijo a tierra) y S´ (móvil con el tren) y definamos el origen de tiempos cuando la cola del tren entra en el túnel como se muestra en la siguiente figura. En ese momento se cierra y abre (de forma instantánea) la puerta a la entrada del túnel.

En el sistema S la puerta de salida se cierra y abre también en ese mismo instante (t=0).

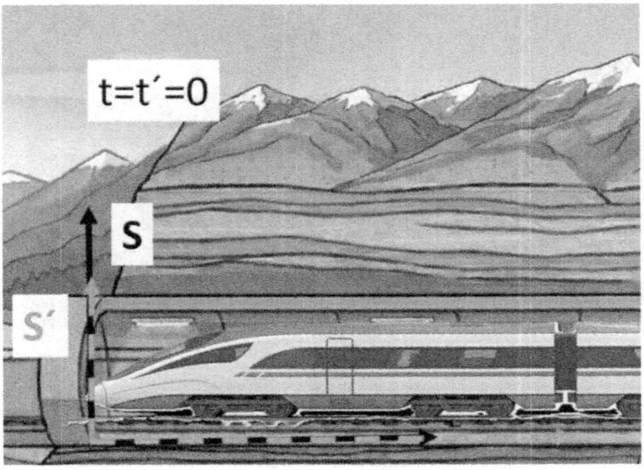

Figura 14.4. Sistemas de referencia S (fijo) y S´ (tren móvil) en el origen de tiempos

Para el análisis vamos a asumir que las longitudes propias del tren y del túnel son iguales a d, es decir:

- La cabecera del tren tiene coordenadas x´=d en S´.
- La cola del tren tiene coordenadas x´=0 en S´.
- La entrada del túnel tiene coordenadas x=0 en S
- La salida del túnel tiene coordenadas x=d en S.

Los tres sucesos identificados tienen por tanto coordenadas (t_1, t'_1 y t'_3 son desconocidos por el momento):

- suceso 1:
  - $t=t_1$; $t'=t'_1$
  - x=d; x´=d
- suceso 2:
  - t=0; t´=0
  - x=0; x´=0

- suceso 3:
  - t=0; t´= t´₃
  - x=d

Utilizando las transformaciones directas [$x' = (x - vt)/\sqrt{1-\frac{v^2}{c^2}}$ y $t' = (t - \frac{vx}{c^2})/\sqrt{1-\frac{v^2}{c^2}}$] para el suceso 1:

$$d = \frac{d - vt_1}{\sqrt{1-\frac{v^2}{c^2}}} \qquad [106]$$

$$t'_1 = \frac{t_1 - \frac{vd}{c^2}}{\sqrt{1-\frac{v^2}{c^2}}} \qquad [107]$$

De [106]:

$$t_1 = \frac{d}{v}\left(1 - \sqrt{1-\frac{v^2}{c^2}}\right) = 0{,}2\frac{d}{v} \qquad [108]$$

Sustituyendo en [107] considerando que $\frac{vd}{c^2} = \frac{d}{v}(\frac{v}{c})^2$:

$$t'_1 = \frac{d}{v}\left(\sqrt{1-\frac{v^2}{c^2}} - 1\right) = -0{,}2\frac{d}{v} \qquad [109]$$

Utilizando las transformaciones directas para el suceso 3:

$$t'_3 = \frac{0 - \frac{vd}{c^2}}{\sqrt{1 - \frac{v^2}{c^2}}} = -0{,}45\frac{d}{v} \qquad [110]$$

Para t=0, y volviendo a aplicar las transformaciones directas, la cabecera del tren tendrá una coordenada x tal que:

$$d = \frac{x - v * 0}{\sqrt{1 - \frac{v^2}{c^2}}} \qquad [111]$$

O sea x=0,8d.

Para t=0,2d/v, la cola del tren tendrá una coordenada x tal que:

$$0 = \frac{x - v * 0{,}2d/v}{\sqrt{1 - \frac{v^2}{c^2}}} \qquad [112]$$

O sea x=0,2d.

Es decir, para el observador en tierra la cabecera llegará un tiempo después de que la puerta de la salida se haya cerrado y vuelto a abrir (en t=0) por lo que no chocará con ella como se muestra en las siguientes figuras:

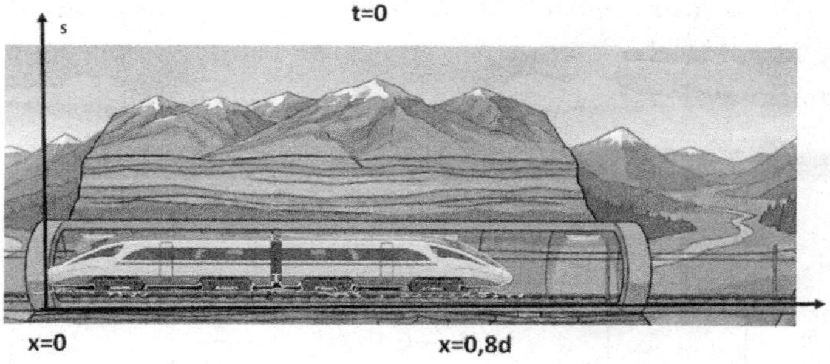

Figura 14.5.a. Sucesos y posiciones de la cabecera y cola del tren en el sistema de referencia fijo en t=0

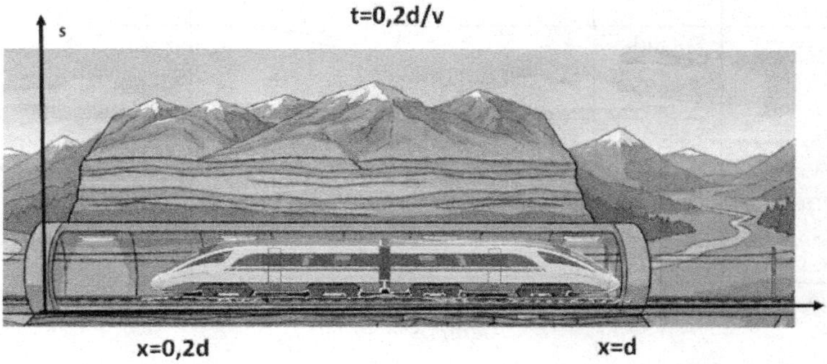

Figura 14.5.b. Sucesos y posiciones de la cabecera y cola del tren en el sistema de referencia fijo en t=0,2d/v

Para el observador en el tren la puerta de salida se habrá cerrado y abierto antes de la de entrada (en $t'_3 = -0{,}45\frac{d}{v}$) y la cabecera habrá llegado en un tiempo posterior (en $t'_1 = -0{,}2\frac{d}{v}$) por lo que tampoco chocará.

Las siguientes figuras muestran la posición del túnel relativa al tren en los tiempos $t'=t'_3$, $t'=t'_1$ y $t'=0$.

Para ello, calculamos previamente la posición de la entrada del túnel y de la salida en el sistema S´ en esos tiempos aplicando las transformaciones inversas.

Tiempo	Puerta	Transformación Inversa	Resultado
t'_3=-0,45d/v (cierre/ apertura de la puerta de salida)	Entrada	$0 = (x' + (-0{,}45d))/\sqrt{1-\frac{v^2}{c^2}}$	x´=0,45d
	Salida	$d = (x' + (-0{,}45d))/\sqrt{1-\frac{v^2}{c^2}}$	x´=1,25d
t'_1=-0,2d/v (cabecera del tren llega a la salida)	Entrada	$0 = (x' + (-0{,}2d))/\sqrt{1-\frac{v^2}{c^2}}$	x´=0,2d
	Salida	$d = (x' + (-0{,}2d))/\sqrt{1-\frac{v^2}{c^2}}$	x´=d
t´=0 (cola del tren en entrada; cierre/ apertura de la puerta de entrada)	Entrada	$0 = (x' + 0)/\sqrt{1-\frac{v^2}{c^2}}$	x´=0
	Salida	$d = (x' + 0)/\sqrt{1-\frac{v^2}{c^2}}$	x´=0,8d

Tabla 14.1. Posición de la entrada y salida del túnel en ejes S´ para distintos tiempos

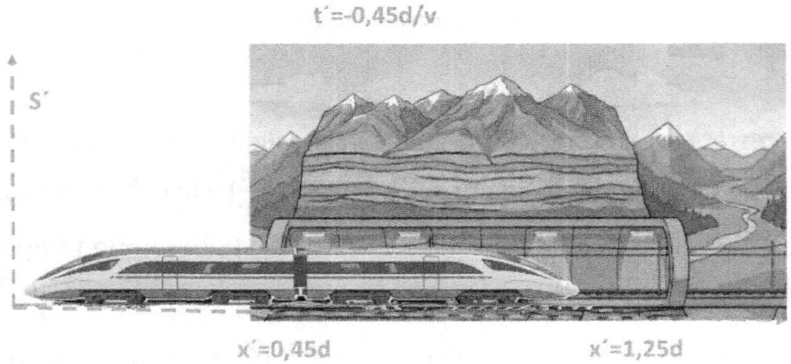

Figura 14.6.a. Sucesos y posiciones de la entrada y salida del túnel en el sistema de referencia móvil cuando se cierra y abre la puerta de salida

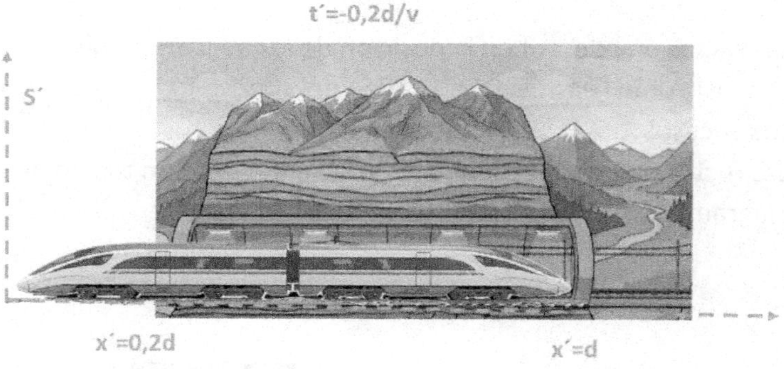

Figura 14.6.b. Sucesos y posiciones de la entrada y salida del túnel en el sistema de referencia móvil cuando la cabecera del tren llega a la salida

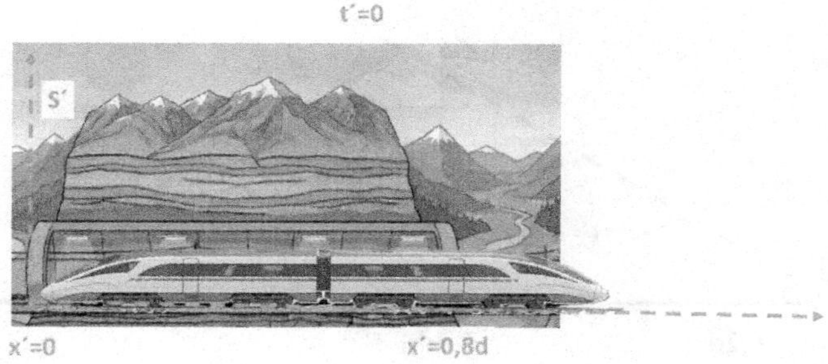

Figura 14.6.c. Sucesos y posiciones de la entrada y salida del túnel en el sistema de referencia móvil cuando la cola del tren llega a la entrada y se cierra y abre dicha puerta

Es decir la paradoja se resuelve porque **los sucesos que son simultáneos en el sistema de referencia S** (las dos puertas se cierran y se abren simultáneamente en el sistema fijo) **no lo son en el sistema de referencia móvil S´** (la puerta de salida se cierra y abre antes que la de entrada).

Las siguientes figuras muestran los diagramas x,t en el sistema de referencia S y en el S´ identificando:

- Las rectas que describen la posición de la cabecera y cola del tren así como la entrada y la salida del túnel.
- Los sucesos 1, 2 y 3 identificados.
- Las rectas que definen los sucesos simultáneos con t=0 en el diagrama x´,t´ en S´ y con t´=0 en el diagrama x,t en S.

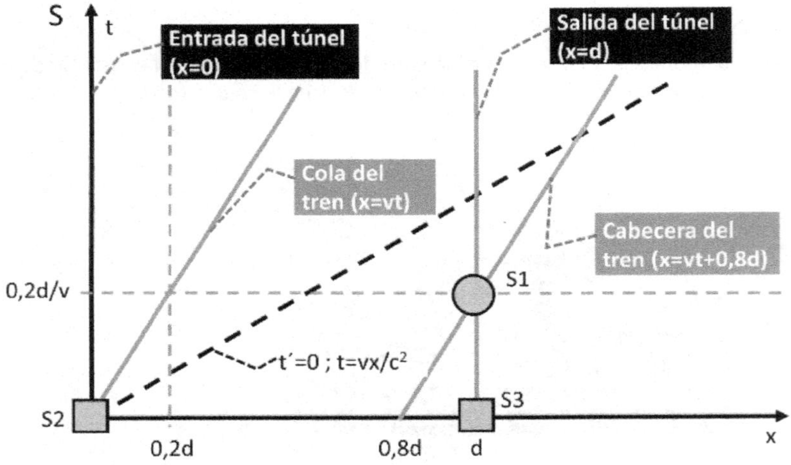

Figura 14.7. Diagrama x,t en S

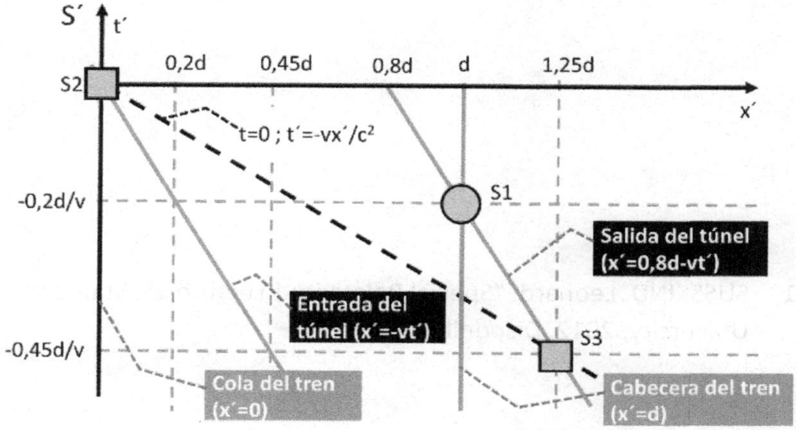

Figura 14.8. Diagrama x´,t´ en S´

15 Bibliografía

1. SUSSKIND, Leonard. "Special Relativity | Lecture 1". Stanford University, 2012. Disponible en: https://www.youtube.com/watch?v=toGH5BdgRZ4.

2. TAYLOR, John R. "Mecánica clásica". 1ª ed. Barcelona: Editorial Reverté, 2018. 928 p. ISBN 978-84-291-9146-2.

3. FEYNMAN, Richard P.; LEIGHTON, Robert B.; SANDS, Matthew. "Six Not-So-Easy Pieces: Einstein´s Relativity, Symmetry, and Space-Time". New York: Basic Books, 2011. 184 p. ISBN 978-0-465-02528-2.

4. GONZÁLEZ LÓPEZ, Artemio. "Manual de mecánica clásica". Madrid, 2022. ISBN 978-84-695-2651-4.

5. HAND, Louis N.; FINCH, Janet D. "Analytical Mechanics". Cambridge: Cambridge University Press, 1998. ISBN 978-0-521-57572-0.

6. COSMEN SCHORTMANN, Joaquín. "El trabajo y su relatividad (o no)", 2026. Disponible en: https://drive.google.com/file/d/1UrXzyZXpA6_xCOrG1SZWY6qHJQeGA8Qf/view

16 Apéndice I: Familiarización con el diagrama x,t en otros contextos (no relativistas)

16.1 Introducción

Como se ha comentado, manejar con soltura el diagrama x,t es clave para el entendimiento de la Teoría de la Relatividad Especial y, en particular, muchos de los análisis y ejemplos que se presentan en el libro. Más que estudiar lo que aquí se explica, se recomienda que el lector construya por sí mismo los casos que se proponen y "tropiece" con ellos si es necesario. Ese trabajo anticipado será de gran provecho para el entendimiento de dicho diagrama x,t.

Los dos casos de análisis que se proponen son los siguientes:

- Caso 1: Masas (balones) que se mueven sin rozamiento dentro de un vagón.
- Caso 2: Propagación del sonido asumiendo el aire en reposo respecto al sistema fijo. Nótese que el sonido se mueve a una velocidad constante respecto al aire en reposo, en nuestro caso el sistema S.

Como en otros análisis que se presentan en el libro se asume que el sistema S´ (vagón: móvil) se desplaza respecto al sistema S (tierra: fijo) con una velocidad v a lo largo del eje x.

El primer objetivo (experimento 1) es representar en ejes fijos S (diagrama x,t) y móviles S´ (diagrama x´, t´) las rectas que describen el movimiento de distintos elementos del experimento:

1. Las rectas que definen el movimiento del origen de coordenadas del otro sistema (origen de S´ para el diagrama en S y origen de S para el diagrama en S´).
2. Para el caso 1: La recta que define el movimiento del balón que se lanza desde el origen (x´=0) para t=0 con velocidad c medida en ejes móviles en el sentido de avance del vagón.
3. Para el caso 2: La recta que define el frente de onda del sonido que viaja con velocidad c respecto a S y se ha generado en x´=0 y t=0.

El segundo objetivo (experimento 2) es estudiar en ejes fijos S (diagrama x,t) y móviles S´ (diagrama x´, t´) la posición y el tiempo en que llegan a la mitad del vagón (que asumimos tiene una longitud 2d o sea el centro está en d) dos balones lanzados y dos sonidos emitidos desde los extremos del vagón. Para ello se deberán dibujar:

1. Las rectas que definen la posición de los dos extremos del vagón y del centro de éste.
2. Para el caso 1: las rectas que definen el movimiento de los dos balones: uno que se lanza como se describió anteriormente y otro que se lanza simultáneamente desde el otro extremo del vagón (en coordenadas x=x´=2d) con la misma velocidad c pero en sentido contrario al avance del vagón.
3. Para el caso 2: las rectas que definen los frentes de onda de dos sonidos que se emiten en t=0, el primero como en el caso anterior y el segundo desde el punto x=x´=2d.

Es importante remarcar que en estos experimentos, al contrario que ocurre en la Teoría de la Relatividad Especial, el tiempo es idéntico en los sistemas S y S´. No obstante mantenemos el tiempo t´ en el sistema S´ para familiarizarnos con la nomenclatura aunque sabemos que t=t´.

También conviene hacer una advertencia importante sobre la notación: en este apéndice usamos la letra c, pero aquí c no representa la velocidad de la luz. En el caso 1, c representa la velocidad del balón respecto al vagón. En el caso 2, c representa la velocidad del sonido respecto al aire en reposo, es decir, respecto al sistema S. Mantenemos esta letra únicamente por poder facilitar la analogía entre estos diagramas y los que se analizan en el resto del libro.

En los casos del sonido asumiremos además que $0<v<c$, de modo que el sonido emitido hacia delante siga avanzando también hacia +x´ en el sistema móvil. Para $v > c$ el sonido emitido desde x´= 0 no alcanzaría el centro del vagón, pues su velocidad en S´ sería negativa. Este límite es propio del caso del sonido y del sistema privilegiado que representa el aire; no tiene equivalente en la relatividad especial, donde ninguna velocidad relativa entre sistemas inerciales puede igualar o superar la velocidad de la luz.

Se adjuntan a continuación los distintos diagramas x,t junto con una explicación de cómo se han construido.

16.2 Primer experimento. Caso 1: Diagrama x,t del balón

En S´:

- El origen de S se mueve en la recta x´=-vt´[11].
- El balón se mueve a velocidad c, o sea en la recta x´=ct´.

En S:

- El origen de S´ se mueve en la recta x=vt.
- El balón se mueve a velocidad c+v, o sea en la recta x=(c+v)t.

Los diagramas x,t en S y x´,t´, en S´ se muestran en la siguiente figura:

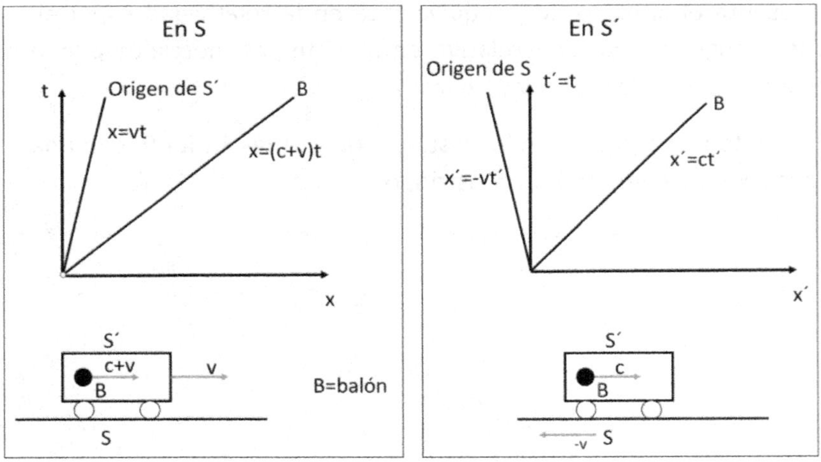

Figura 16.1. Diagrama x,t del balón en S y S´ del experimento 1

[11] Nótese que usamos x´=-vt´ aunque la tendencia más natural por la forma en que está definido el diagrama sería decir que t´=-1/v x´. Utilizamos ambas expresiones a lo largo del documento aunque en la mayoría de los casos se prefiere la primera.

16.3 Primer experimento. Caso 2: Diagrama x,t del sonido

En S´:

- El origen de S se mueve en la recta x´=-vt´.
- El sonido (que se mueve a velocidad c en el sistema fijo) se mueve a velocidad c-v, o sea en la recta x´=(c-v)t´.

En S:

- El origen de S´ se mueve en la recta x=vt.
- El sonido se mueve a velocidad c o sea en la recta x=ct.

Nótese que, a diferencia del balón, cuya velocidad hemos fijado respecto al vagón, la velocidad del sonido queda fijada respecto al aire, que asumimos en reposo en S.

Los diagramas x,t en S y x´,t´, en S´ se muestran en la siguiente figura:

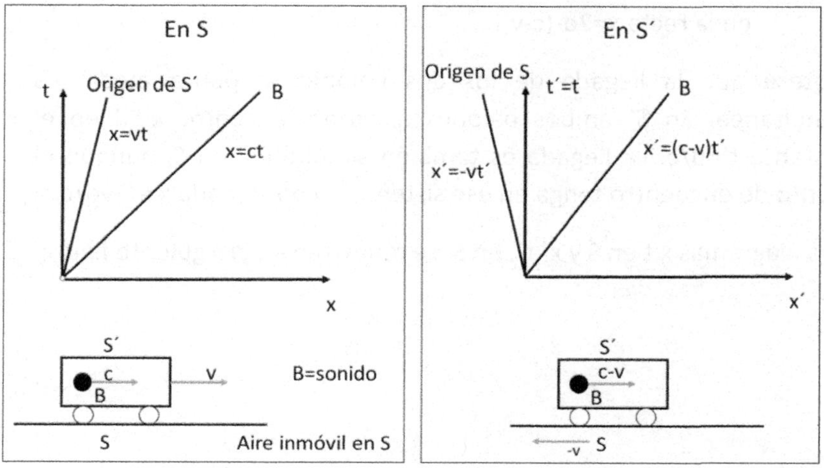

Figura 16.2. Diagrama x,t del sonido en S y S´ del experimento 1

16.4 Segundo experimento. Caso 1: Diagrama x,t del balón

En S´:

- El extremo izquierdo del vagón permanece en x´=0. El centro del vagón en x´=d y el extremo derecho en x´=2d.
- El balón que parte del extremo izquierdo del vagón se mueve en la recta x´=ct´.
- El balón que parte del extremo derecho del vagón se mueve en la recta x´=2d-ct´.

En S:

- El extremo izquierdo del vagón se mueve en la recta x=vt. El centro del vagón en la recta x=vt+d y el extremo derecho la recta en x=vt+2d.
- El balón que parte del extremo izquierdo del vagón se mueve en la recta x=(c+v)t.
- El balón que parte del extremo derecho del vagón se mueve en la recta x=2d-(c-v)t.

Nótese que la llegada de los dos balones al punto medio es simultánea. En S´ ambos balones alcanzan el centro x´=d en el instante t´=d/c. La llegada es también simultánea en S, aunque el punto de encuentro tenga en ese sistema la coordenada x=d+vd/c.

Los diagramas x,t en S y x´,t´, en S´ se muestran en la siguiente figura:

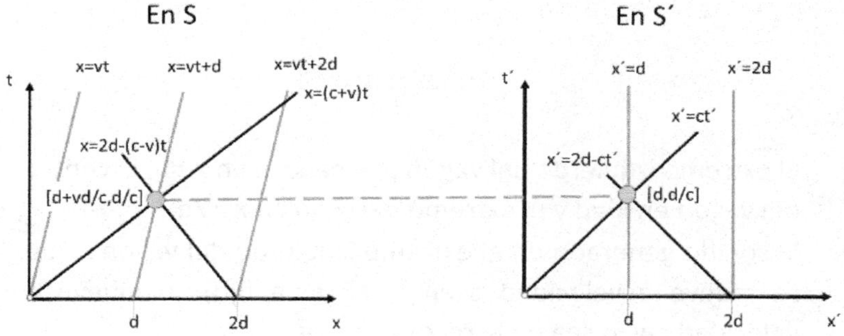

Figura 16.3. Diagrama x,t del balón en S y S´ del experimento 2

16.5 Segundo experimento. Caso 2: Diagrama x,t del sonido

En S´:

- El extremo izquierdo del vagón permanece en x´=0. El centro del vagón en x´=d y el extremo derecho en x´=2d.
- El sonido generado en el extremo izquierdo del vagón (que se mueve a velocidad c en el sistema fijo) se mueve a velocidad c-v, o sea en la recta x´=(c-v)t´.
- El sonido generado en el extremo derecho del vagón (que se mueve a velocidad -c en el sistema fijo) se mueve a velocidad -c-v, o sea en la recta x´=2d-(c+v)t´.

En S:

- El extremo izquierdo del vagón se mueve en la recta x=vt. El centro del vagón en la recta x=vt+d y el extremo derecho la recta en x=vt+2d.
- El sonido generado en el extremo izquierdo del vagón se mueve a velocidad c, o sea en la recta x=ct.
- El sonido generado en el extremo derecho del vagón se mueve a velocidad -c, o sea en la recta x=2d-ct.

Nótese que las llegadas de ambos sonidos al punto medio no son simultáneas. En S, el sonido emitido desde el extremo izquierdo llega al centro cuando ct=vt+d, es decir, en t=d/(c-v), mientras que el emitido desde el extremo derecho llega cuando 2d-ct=vt+d, es decir, en t=d/(c+v). Esa no simultaneidad se mantiene también en S´.

Nótese también que esta no simultaneidad es de naturaleza completamente distinta a la relativista: aquí existe un sistema privilegiado (el aire en reposo en S) y el tiempo es absoluto (t = t'). En la relatividad especial, la no simultaneidad surge precisamente porque no hay sistema privilegiado y la velocidad de la luz es la misma en todos los sistemas inerciales.

Los diagramas x,t en S y x´,t´, en S´ se muestran en la siguiente figura:

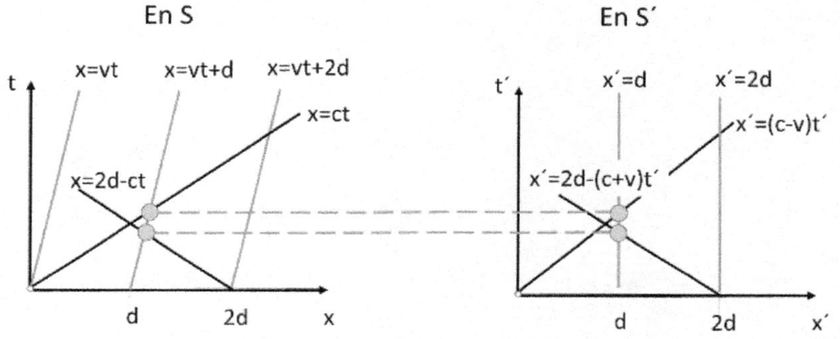

Figura 16.4. Diagrama x,t del sonido en S y S´ del experimento 2

La utilidad de este apéndice ha sido mostrar que el diagrama x,t no es una herramienta exclusiva de la relatividad especial. Puede emplearse también en contextos no relativistas y, precisamente por eso, ayuda a distinguir qué parte de su uso es puramente geométrica y qué otra pertenece ya al contenido físico específico de la teoría relativista. En la relatividad especial, lo diferencial será que la luz tenga la misma velocidad en S y en S´ y que, en general, t y t´ dejen de coincidir.

Made in the USA
Monee, IL
04 November 2026

67381736R00059